职业教育计算机专业规划教材

计算机应用基础

主　编　任红军

副主编　杨鸿华　陈国栋

WUHAN UNIVERSITY PRESS
武汉大学出版社

图书在版编目(CIP)数据

计算机应用基础/任红军主编.—武汉:武汉大学出版社,2019.8
职业教育计算机专业规划教材
ISBN 978-7-307-21104-9

Ⅰ.计…　Ⅱ.任…　Ⅲ.电子计算机—职业教育—教材　Ⅳ.TP3

中国版本图书馆 CIP 数据核字(2019)第 173149 号

责任编辑:唐　伟　　责任校对:李孟潇　　整体设计:马　佳

出版发行:**武汉大学出版社**　(430072　武昌　珞珈山)
(电子邮箱:cbs22@whu.edu.cn 网址:www.wdp.com.cn)
印刷:湖北民政印刷厂
开本:787×1092　1/16　印张:12.75　字数:302 千字　插页:1
版次:2019 年 8 月第 1 版　　2019 年 8 月第 1 次印刷
ISBN 978-7-307-21104-9　　定价:42.00 元

前　　言

随着网络技术的日新月异，计算机技术也迅速发展，计算机使用技术、办公软件的使用已经成为现代人必备的知识和技能了，可以说计算机基础应用就像我们工作、学习的基本工具一样不可或缺。一门技能的学习好坏与否，其检验标准就是会不会用。实践证明，在掌握了必要的理论知识之后，更关键的是应该让学习者有更多的动手实践机会，也就是上机操作的时间。我们编写本书的目的就是让学生能在应用中掌握，在实操中熟练。

本书的编写人员长期从事信息类专业教学工作。全书总共七章，重点在于计算机软硬件的实际应用，第一章介绍计算机的基础知识，第二章介绍计算机操作系统的知识(以Windows 7 为例)，第三章至第五章以 MS Office 2010 系列软件中的 Word、Excel、PowerPoint 三个主要应用软件为例，介绍办公软件的用法。第六章是多媒体软件应用知识，第七章是互联网(Internet)应用。

本书面向高等职业院校、中等职业技术院校的学生，也可以作为技校、社会各级各类计算机培训机构的教材之用。

本书由任红军任主编，杨鸿华、陈国栋任副主编。参加编写的还有朱冰、苏海元等。由于编者水平有限，时间紧迫，错误之处难免，请广大读者批评指正。

编　者

2019 年 6 月

目　录

第1章　计算机基础知识

1.1　计算机概述

在人类文明的发展史中，为了进行有效的计算，人类一直在不断地探索，曾先后发明了各种计算工具，并进行了大量的理论和实际的研究工作。20世纪40年代，随着现代社会和科学技术的发展，人类对计算工具提出新的需求，促使了电子计算机的问世。电子计算机是20世纪科学技术最伟大的成就之一。

今天，计算机的应用已经渗透到人类社会的各个领域，人类社会由此步入了信息时代。计算机在科学研究、工农业生产、国防建设以及其他领域中的应用已成为国家现代化的重要标志，现代社会的大部分活动已经离不开计算机，计算机应用已经成为现代人必须具备的一项重要技能。

1.1.1　电子计算机的概念

电子计算机的广泛应用把人类从繁重的脑力劳动解放出来，提高了社会各领域的信息收集、处理和传播的速度与准确性。由于电子计算机是一种能够高速计算、具有内部存储能力，由程序来控制操作过程的电子设备，电子计算机具备强大的信息处理功能。

1.1.2　计算机产生与发展

1. 第一台电子计算机的诞生

世界上第一台数字式电子计算机ENIAC(Electronic Numerical Integrator and Calculator，电子数值积分计算机)于1946年2月15日在美国宾夕法尼亚大学研制成功(见图1.1)。这台电子计算机共用了18800多只电子管，1500多只继电器，7000多只电阻，耗电150kW/h，占地170m^2；但它的运算速度仅为每秒5000次加法运算，并且存储容量很小，只能存放20个字长为10位的十进制数，每次运行一个程序都要重新连接线路，在性能方面与今天的计算机无法相比。但是，ENIAC的研制成功在计算机的发展史上具有划时代的意义。它的问世是计算机发展史上的一座里程碑，标志着电子计算机时代的到来，标志着人类计算工具的新时代的开始，标志着世界文明进入了一个崭新时代。同时，第一台计算机的诞生也为现代计算机在体系结构和工作原理奠定了基础。

2. 计算机发展的几个阶段

随着电子制造技术的飞速发展，在ENIAC诞生后的几十年间，用于构成电子计算机的主要物理元件从真空电子管、晶体管、小规模集成电路发展到今天的超大规模集成电

图 1.1　第一台数字式电子计算机 ENIAC

路，从而引起计算机的几次更新换代。每一次更新换代都使计算机的硬件构成大为缩小，计算速度越来越快，存储容量迅速增大，自动化程度越来越高，功能越来越强，应用领域越来越广阔。特别是 20 世纪 70 年代中期微型计算机的出现，使得计算机迅速普及到办公室和家庭，将人类从繁重的脑力劳动和纷杂的日常事务中解脱出来。归纳一下，计算机的发展过程大致可以分成 5 个阶段，如表 1.1 所示。

表 1.1　　**计算机发展情况表**

计算机发展阶段	使用时间	主要电器元件
第一代计算机	1946—1957 年	电子管
第二代计算机	1958—1964 年	晶体管
第三代计算机	1965—1970 年	中、小规模集成电路
第四代计算机	1971 年至今	大规模、超大规模集成电路
第五代计算机	未来	量子态器件

1.1.3　计算机的特点

计算机主要有以下五个方面的特点：

1. 运算速度快

计算机每秒钟运算次数是衡量计算机性能的重要指标。最初以执行加法运算的次数来表示，后来以执行加法、乘法、除法等的平均运算速度来表示。现已普遍采用计算机执行各种指令的次数，再考虑每一种指令的执行时间，用数学公式求出其平均速度来表示，即

MIPS(每秒执行百万条指令)。现在计算机的运算速度都在几十 MIPS 以上，巨型计算机的速度可以达到亿 MIPS。

2. 计算精度高

计算机的精度主要表现为数据表示的位数，一般称为字长，字长越长精度越高。一般来说，现在的计算机有几十位有效数字，而且理论上计算机精度不受限制，可以通过技术处理达到更高的精度。

3. 具有记忆功能

计算机不仅具备计算能力，而且有记忆能力，可以“记忆”(存储)大量的数据和计算机程序，存储能力惊人，一台大型计算机可以存储 100 万册以上的图书。如果将图书资料放在计算机网络上实行资源共享，则读者可以查阅到全世界各大型图书馆的藏书。

4. 具有逻辑判断能力

计算机在程序的执行过程中，会根据上一步的执行结果，运用逻辑判断方法自动决定后续的执行步骤。这使得计算机不仅能解决数值计算、公式推导等问题，而且能解决非数值计算问题，如信息检索、图像识别等。

5. 工作自动化

计算机采取存储程序控制方式工作，事先将设计好的程序输入计算机，计算机自动按照程序中的顺序执行，自动协调完成各种运算和处理，最终完成计算任务，这就保证了其工作的自动化。

1.1.4　计算机的应用

计算机的应用已渗透到社会的各个领域，各行各业的专业人员都可以利用计算机来解决各自的问题。归纳起来，计算机的应用主要有以下几方面：

1. 科学计算

科学计算也叫数值计算，是电子计算机最早的应用领域。从基础学科到尖端科学，从军事技术到工程设计，都需要计算机进行大量的计算。这些计算工作的特点是计算量大，计算方法复杂，精度要求高而逻辑关系相对简单。目前，在计算机的应用领域中，科学计算所占比例已不足 10%。

2. 数据处理

数据处理，是指对大量的数据进行加工处理(如分析、合并、分类、统计等)而形成有用的信息。其特点是数据量大，但计算相对简单。其中的“数据”泛指计算机能处理的各种数字、图形、文字、声音、图像等信息。目前，数据处理是计算机应用最广泛的方面。

3. 过程控制

过程控制是生产自动化的重要技术手段，是由计算机对所采集到的数据按一定的方法进行计算处理，然后将处理结果输出到指定执行机构，去控制生产的过程。

4. 辅助系统

计算机辅助系统是指利用计算机来帮助人们完成各种任务，主要包括以下几个方面内容。计算机辅助设计(CAD)：利用计算机来帮助设计人员进行工程或产品设计，以实现最佳设计效果的一种技术。计算机辅助制造(CAM)：利用计算机进行生产设备的管理、控制和操作。计算机辅助教学(CAI)：利用计算机协助教师进行教学，展示大量图文并茂的教学信息，使教学内容生动、形象，易于理解，如多媒体教学等。计算机辅助测试(CAT)：利用计算机进行产品的各项指标的测试等。

5. 人工智能

人工智能是利用计算机对人的智能进行模拟，主要目标在于应用计算机模拟人脑的思维过程，执行人脑的某些智力功能，研究并开发相关的理论和技术。例如使计算机具有识别语言、文字、图形以及学习、推理和适应环境的能力等。

1.1.5 计算机的分类

从不同的角度对计算机可以进行不同的分类，按其设计目的和应用范围可分为专用计算机和通用计算机。专用计算机功能单一、适应性差，但是在特定用途下，效率最高，也最为经济。通用计算机功能齐全、适应性强，日常应用所提到的计算机都是指通用计算机。在通用计算机中，又可根据运算速度、输入输出能力、数据存储能力、指令系统的规模等因素将其划分为巨型机、大型机、小型机、微型机、服务器及工作站等。

1. 巨型机

巨型机是运算速度最高、存储容量最大、通道速率最快、处理能力最强、工艺技术性能最先进的通用超级计算机。主要用于复杂的科学和工程计算，如天气预报、飞行器的设计以及科学研究中的一些特殊领域。目前，巨型机的处理速度已达到每秒万亿次。世界上只有包括我国在内的几个国家能够研制生产巨型机。巨型机的研制生产代表了一个国家科学技术的发展水平。

2. 大型机

这类计算机具有极强的综合处理能力和极大的性能覆盖面。在一台大型机中可以使用几十个微处理器芯片，用以完成特定的操作，可同时支持上万个用户和几十个大型数据库。主要应用在科研机构、军工部门、银行、大企业等。

3. 小型机

小型机较之大型机成本较低，采用先进的工艺技术，软件开发成本低，易于操作维护。既可用作科学计算、数据处理，也可用于生产过程自动控制和数据采集及分析处理。在金融事务管理、工业自动控制、大型分析仪器、测量设备、企业管理等方面得到广泛应用。

4. 微型机

20 世纪 70 年代后期，微型机的出现引发了计算机硬件领域的一场革命。微型机采用微处理器、半导体存储器和输入输出接口等器件组装而成，较之小型机体积更小，价格更低，灵活性更好，可靠性更高，使用更加方便。

5. 服务器

随着计算机网络的日益推广和普及，一种能在网络环境下运行相关的系统软件及应用软件、为网上用户提供共享信息资源和各种服务的计算机应运而生，这就是服务器。服务器一般具有大容量的存储设备和较多的外部设备，因为要运行网络操作系统，要求有较高的运行速度，因此现在很多服务器都配置了双 CPU。

6. 工作站

20 世纪 70 年代后期出现了一种新型的计算机系统，称为工作站(WS)。发展到今天，工作站实际上就是一台高档微机。工作站主要面向专业应用领域，具备强大的数据运算与图形、图像处理能力，是为满足工程设计、动画制作、科学研究、软件开发、金融管理、信息服务、模拟仿真等专业领域而设计开发的高性能计算机。

随着超大规模集成电路技术的迅速发展，微型机与工作站甚至小型机之间的界限已不明显，现在的微处理器芯片速度已经达到甚至超过十年前的一般大型机的 CPU 速度。

1.1.6 未来计算机展望

1. 计算机的发展趋势

经过 70 多年发展，计算机的性能得到了惊人的提高，计算机的价格不断大幅下降，为计算机的普及创造了有利的条件。计算机的应用有力地推动了国民经济的发展和科学技术的进步，同时也对计算机技术提出了更高的要求，从而促进了计算机的进一步发展。以超大规模集成电路为基础，未来的计算机将向巨型化、微型化、网络化与智能化的方向发展。

(1)巨型化。巨型化是指计算机具有更高的运算速度、更大的存储容量和更强的处理能力，能够发挥更加强大的作用，其运算能力一般在每秒百亿次以上，而不是指计算机的体积的大小。巨型机主要用于尖端科学技术和军事国防系统的研究，如模拟核试验、破解人类基因密码等，巨型机的研制水平标志着一个国家科技能力的水平和综合国力的实力。

(2)微型化。微型化是指计算机向使用方便、体积小、成本低和功能齐全方向发展。20 世纪 70 年代，由于大规模和超大规模集成电路的飞速发展，微处理器芯片连续更新换代，使微型机的成本不断下降，应用更加广泛，推动了微型计算机的飞速发展，使微型机深入我们生活的各个领域，并进入一些家电和仪器设备的控制领域。目前，随着微电子技术的进一步发展，微型计算机的发展将更加迅速，一些笔记本型、掌上型微型计算机将以更优的性能价格比受到人们的青睐。

(3)网络化。网络化是指利用通信技术和计算机技术，把分散在不同地理位置上的计算机通过通信设备连接起来，按照网络协议相互通信，以实现互相通信和资源共享，使计算机发挥更大的作用。今天的社会已经进入信息化的时代，因此现在的计算机已经不再局限于单一的计算机，计算机不连入网络将无法完成许多工作。

“网络计算机”的设计理念正在应用于计算机的硬件和软件的设计与开发中。微型计算机硬件在设计时已经将网络接口集成到主板上，反映了计算机技术与网络技术的真正结合。操作系统也集成了更多网络应用程序，每一次操作系统版本的升级，都会将计算机网络的更多应用集成到系统中，人们连入网络的方式变得更加方便、快捷，与网络的联系更加紧密。

(4)智能化。智能化要求计算机具有人工智能的特点，即让计算机模拟人的感觉、行为、思维过程的机理，具有视觉、听觉、语言、行为、逻辑推理的能力，形成智能型计算机，代替人们完成一些工作。如让计算机进行图像识别、定理证明、研究学习、探索、启发和理解人类的语言等活动。

1982 年以来，一些国家逐步开始新一代计算机的研究工作。人工智能方面的研究突破了原有的计算机的体系结构，计算机智能化是新一代计算机发展的目标。智能化的研究领域很多，其中最有代表性的领域是专家系统和机器人。

2. 未来计算机

计算机系统中最重要的核心部件是芯片，芯片制造技术的革新是 70 多年来推动计算机技术发展的最根本的动力。目前的芯片采用的是以硅为基础的芯片制造技术，这种技术的采用是有限的。由于存在磁场效应、热效应、量子效应以及制作上的困难，当线宽低于 0.1mm 以后，就必须使用新的制造技术。那么，哪些即将到来的技术有可能引发下一次的计算机技术的革命呢？未来的计算机会是什么样呢？

有人预测，除电子计算机技术外，还有光子计算机、生物计算机和量子计算机等新型计算机。光子计算机是利用光子取代电子进行数据运算、存储和传输。在光子计算机中，不同波长的光表示不同的信号，可快速完成复杂的计算，光子计算机的目标是充分利用光的特性，设计更高速、更大容量存储的计算机。

生物计算机(也称为 DNA 分子计算机)是一种生物形式的计算机，是计算机科学和分子生物学相结合而发展起来的新兴研究领域。特点是使用以生物工程技术产生的蛋白分子为主要原材料的生物芯片。这类芯片不仅具有巨大的存储能力，而且传播数据的方式也不同于以往的计算机，具有最快的处理速度。生物计算机还具有较高的智能性，更宜于模拟人脑的机制，能如同人脑那样进行思维、推理和识别文字，还能理解人的语言，可以应用在各种重要的控制领域。

量子计算机是一种采用基于量子力学原理的深层次计算模式进行高速数学和逻辑运算、存储及处理量子信息的计算机，不仅运算速度快、存储量大，功耗低，而且体积会大大缩小。

3. 计算机的新技术领域

(1)嵌入式计算机。嵌入式计算机是指作为一个信息处理部件，以嵌入式系统的形式嵌入在各种装置、产品和系统之中的计算机，其特点是系统和功能软件集成于计算机硬件系统之中。嵌入式计算机以应用为中心、以计算机技术为基础、是完全嵌入受控器件内部，为特定应用而设计的专用计算机系统。嵌入式计算机一般由嵌入式微处理器、外围硬件设备、嵌入式操作系统以及用户的应用程序等四部分组成，具有软、硬件可剪裁性、满足应用系统对功能、可靠性、成本、体积、功耗的严格要求。用于实现对其他设备的控制、监视或管理等功能。

(2)高性能计算。高性能计算(High Performance Computing，HPC)是计算机科学的一个分支，主要是指从体系结构、并行算法和软件开发等方面研究开发高性能计算机的技术，通常使用很多处理器或者某一集群中组织的几台计算机的计算系统和环境。

高性能计算是以速度为核心，它包括两方面途径：一是提高单一处理器的计算性能，二是把这些处理器集成，由多个 CPU 构成一个计算机系统，进行并行计算。目前世界上顶级的高性能计算机有成百上千、甚至上万个 CPU，这些处理器协同计算，才能够提供需要的速度。高性能计算机的衡量标准主要以计算速度作为标准，随着计算机技术的飞速发展，高性能计算机的计算速度不断提高，其标准也处在不断变化。高性能计算机是信息领域的前沿技术，在保障国家安全、推动国防科技进步、促进尖端武器发展方面具有直接推动作用，是衡量一个国家综合实力的重要标志之一。

网格计算(Gird)是高性能计算领域的一个的研究分支，网格计算在许多方面不同于传统的 HPC 环境。大多数传统 HPC 技术都是基于固定的和专用的硬件，并结合了一些专门的操作系统和环境来产生高性能的环境。网格则可能由一系列同样的专用硬件、多种具有相同基础架构的机器或者由多个平台和环境组成的完全异构的环境组成。专用计算资源在网格中并不是必需的，许多网格是通过重用现有基础设施组件产生新的统一计算资源来创建的。

随着信息化社会飞速发展，人类对信息处理能力的要求越来越高，不仅石油勘探、气象预报、航天国防等科学研究领域需求高性能计算机，而在其他领域如分子动力学、生物信息学、生命科学等领域对高性能计算的需求也在迅猛增长。

普适计算强调和环境融为一体的计算，指在任何时间、任何地点都可以进行的计算。在普适计算的模式下，人们能够在任何时间、任何地点、以任何方式进行信息的获取与处理。而计算机本身则隐藏在各种设备中，从人们的视线里消失，就像没有计算机一样。

普适计算最早起源于 1988 年 XeroxPARC 实验室的一系列研究计划。在该计划中美国施乐(Xerox)公司 PARC 研究中心的 Mark Weiser 首先提出了普适计算的概念。1991 年 Mark Weiser 在 *Scientific American* 上发表文章 *The Computer for the 21st Century*，正式提出了普适计算的概念。IBM 公司在 1999 年也提出普适计算的思想，特别强调计算资源普存于环境当中，人们可以随时随地获得需要的信息和服务。

普适计算所涉及的技术包括移动通信技术、小型计算设备制造技术、小型计算设备上的操作系统技术及软件技术等。随着计算机网络化、微型化以及嵌入式技术的发展，普适计算正在逐渐成为现实。未来的普适计算将集移动通信技术、计算技术和嵌入式技术于一体，通过将普适计算设备嵌入人们生活的各种环境中，将计算从桌面上解放出来，使用户能以各种灵活的方式享受计算能力和资源服务。那时候，人们周围到处都是计算机，这些计算机将依据不同的计算要求而呈现不同的模样，不同的名称。最终目标是将由通信和计算机构成的信息空间与人们生活和工作的物理空间融为一体，让计算机学会理解人的表情、感受，最终让人以最自然的方式使用计算机。目前，IBM 公司已将普适计算确定为电子商务之后的又一重大发展战略，并开始了端到端解决方案的技术研发。

云计算是一种能够将动态伸缩的虚拟化资源通过互联网以服务的方式提供给用户的计算模式。

在远程的数据中心，几万甚至几千万台电脑和服务器连接成一片，通过整合、管理、调配分布在网络各处的计算机资源，并以统一的界面同时向大量用户提供服务。提供资源的网络被称为“云”，用户不需要知道如何管理那些支持云计算的基础设施，通过网络以按需计量、易扩展的方式使用所需的资源，从而实现让计算成为一种公用设施来按需而用的梦想。

云计算的资源相对集中，主要以数据中心的形式提供底层资源的使用，并不强调虚拟组织的概念。云计算包括基础设施级服务、平台级服务和软件级服务三个层次的服务。云计算是并行计算、分布式计算和网格计算的融合和发展，是这些计算机科学概念的发展和商业实现。借助云计算，网络服务提供者可以在瞬间处理数以万计甚至亿计的信息，实现和超级计算机同样强大的效能。用户通过电脑、笔记本、手机等方式接入数据中心，按各自的需求进行存储和运算。

物联网(The Internet of Things)是基于互联网、传统电信网等信息承载体，让所有能够被独立寻址的普通物理对象实现互联互通的网络。它具有普通对象设备化、自治终端互联化和普适服务智能化三个重要特征。物联网的核心和基础仍然是互联网，是在互联网基础上的延伸和扩展的网络。其用户端延伸和扩展到了任何物品与物品之间进行信息交换和通信。物联网是通过射频识别、红外感应器、全球定位系统、激光扫描器等信息传感设备，按约定的协议，把任何物品与互联网相连接，进行信息交换和通信，以实现对物品的智能化识别、定位、跟踪、监控和管理的一种网络。

物联网改变了人与自然界的交互方式，实现人与人、人与物、物与物之间的互联，把虚拟的信息世界与现实的物理世界链接起来，融为一体，扩展了现有网络的功能和人类认识改造世界的能力。物联网的作用是使物体变得更加智能化，使日常生活中的任何物品都变得有感觉、有思想。在物联网时代，每一件物体均可寻址，每一件物体均可通信，每一件物体均可控制。物联网时代的来临将会使人们的日常生活发生翻天覆地的变化。

我国对物联网发展高度重视，《国家中长期科学与技术发展规划(2006—2020年)》和“新一代宽带移动无线通信网”重大专项中均将物联网列入重点研究领域。

1.2 计算机系统

1.2.1 计算机系统概述

1945年，美籍匈牙利数学家冯·诺依曼提出了计算机的体系结构模式。根据冯·诺依曼体系结构，计算机必须具有如下功能：把需要的程序和数据送至计算机中；必须具有存储程序、数据、中间结果及最终运算结果的能力；能够完成各种算术、逻辑运算和数据传送等数据加工处理的能力；能够根据需要控制程序走向，并能根据指令控制机器的各部件协同工作；能够按照要求将处理结果输出给用户。简单地说就是“存储程序”和“程序控制”，后人将其称为冯·诺依曼原理。为了实现上述功能，计算机必须具备用于输入程序和数据的输入设备，记忆程序和数据的存储器，完成数据加工处理的运算器，控制程序执行的控制器，输出处理结果的输出设备这五大功能部件。

随着计算机科学的发展，计算机系统的概念也在发生变化，出现了一些新的提法，如“数据流计算机”“人工智能计算机”等。但这些新的概念和提法并没有付诸实施，我们仍以冯·诺依曼模式的计算机系统为学习对象。计算机系统是由硬件系统和软件系统组成的。硬件系统是计算机的物质基础，而软件系统则是发挥计算机功能的关键，两者缺一不可。任何计算机都必须包括硬件系统和软件系统两大部分(见图 1.2)。

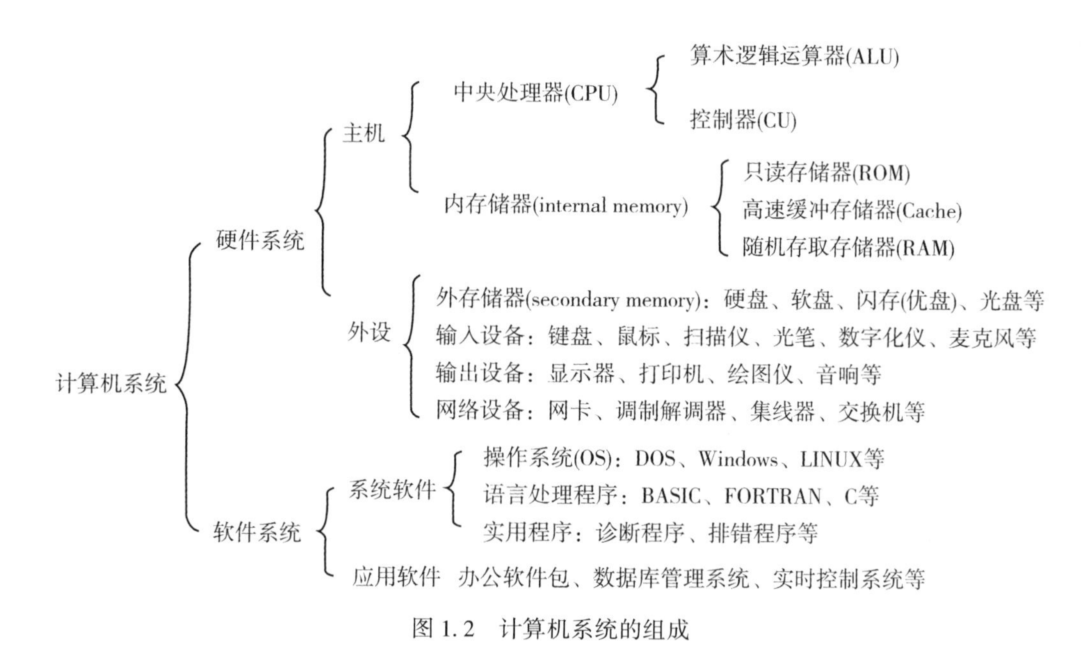

图 1.2　计算机系统的组成

1.2.2　计算机硬件系统

计算机硬件是指计算机系统中看得见、摸得着的实物部分的总称。硬件是组成计算机的各种物理设备，包括输入设备、输出设备、中央处理器、存储设备等，总的来说，可以把一台计算机分为主机和外部设备。硬件是计算机系统的物质基础，只有硬件而无软件的计算机称为裸机，裸机不能开展任何工作。

计算机的硬件系统是由五个基本部分组成：控制器、运算器、存储器、输入设备和输出设备。各部件之间传递着三类不同的信息：数据(指令)、地址、控制信号，图 1.3 所示为计算机硬件组成框图。

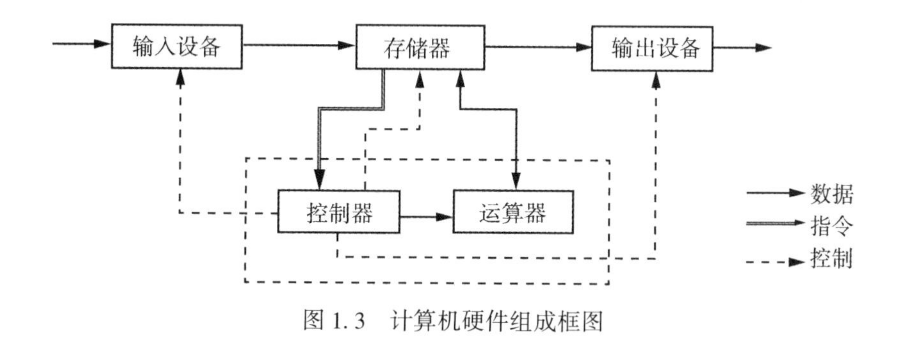

图 1.3　计算机硬件组成框图

1. 运算器

运算器即算术逻辑单元 ALU，是对各种数据进行处理和运算的部件，主要完成算术运算和逻辑运算。运算器是计算机对数据进行加工处理的中心，它主要由算术逻辑部件(Arithmetic and Logic Unit，ALU)、寄存器组和状态寄存器组成。ALU 主要完成对二进制信息的定点算术运算、逻辑运算和各种移位操作。通用寄存器组用来保存参加运算的操作数和运算的中间结果。状态寄存器在不同的计算机中有不同的规定，程序中，状态位通常作为转移指令的判断条件。

2. 控制器

控制器是分析和执行指令的部件，是计算机的指挥和控制中心，用于统一指挥和控制计算机各个部件按时序协调地进行工作。控制器是计算机的控制中心，决定计算机运行过程的自动化。它不仅要保证程序的正确执行，而且要能够处理异常事件。控制器一般包括指令控制逻辑、时序控制逻辑、总线控制逻辑、中断控制逻辑等几个部分。

运算器和控制器是组成 CPU 的重要部件，分别在计算机系统中完成不同的功能和作用。运算器和控制器集成在一块芯片上，即中央处理器(Central Processing Unit)简称 CPU，它是计算机内部完成指令读出、解释和执行的重要部件，是计算机的心脏。

3. 存储器

存储器是计算机中存放所有数据和程序的记忆部件，它的基本功能是按指定的地址存(写)入或者取(读)出信息。计算机中的存储器根据工作原理的不同，可分成两大类：一类是内存储器，简称内存或主存；另一类是外存储器(辅助存储器)，简称外存或辅存，硬盘是外存储器的典型代表。内存储器用于存放正在运行的程序或数据。外存储器用于存放暂时不使用的各种程序和数据。

内存储器又分为只读存储器 ROM 和随机存储器 RAM。只读存储器的特点：具有只读性和不易丢失性。随机存储器的特点：具有可读写性和易丢失性。随机存储器又分为静态随机存储器 SRAM 和动态随机存储器 DRAM。静态随机存储器由于制作成本高，仅少量用于高速缓存 Cache。动态随机存储器即通常所说的内存，用于存放正在运行的程序或数据。

4. 输入设备

计算机输入/输出设备(简称 I/O 设备)，是指计算机与人之间进行信息交换的设备。人们通常用数字、符号和图形等形式来表达信息，这些信息通过输入设备变成计算机能识别的二进制数码，输入计算机进行处理；之后，计算机将这些经过处理、加工的数字、符号和图形通过输出设备打印、显示出来，成为人们能识别的信息。

输入设备可以将外部信息(如文字、数字、声音、图像、程序、指令等)转变为数据输入计算机中，以便进行加工、处理。输入设备是用户和计算机系统之间进行信息交换的主要装置之一。键盘、鼠标、摄像头、扫描仪、光笔、手写输入板、游戏杆、语音输入装置等都属于输入设备。

5. 输出设备

输出设备可以把计算机对信息加工的结果送给用户。所以，输出设备是计算机实用价值的生动体现，它使系统能与外部世界沟通，能直接帮助用户大幅度地提高工作效率。输出设备分为显示输出、打印输出、绘图输出、影像输出以及语音输出五大类。

1.2.3　计算机软件系统

在计算机系统中，软件系统和硬件系统有机地组合起来就构成了计算机系统。硬件是计算机的实体，是软件存放和执行的物理场所，而软件则是计算机的灵魂，它指挥硬件来完成各种用户给出的指令。计算机软件是指计算机程序及相关文档的总称。其中程序是对计算机任务的处理对象和处理规则的描述；文档是指为便于人们了解程序所需的各种解释性资料。程序必须装入计算机内，并变换为机器指令或某种代码形式才能执行。文档一般是供用户阅读的，并不要求一定装入计算机。

按照计算机系统平台及其应用的观点，软件可分为系统软件和应用软件两类。

1. 系统软件

系统软件是计算机系统中最接近硬件的一层软件，其他软件一般通过系统软件来实现开发和运行。系统软件与具体应用领域无关。在任何计算机系统的设计中，系统软件都比其他软件优先考虑。

最典型的系统软件是操作系统，它是计算机系统必不可少的组成部分。操作系统控制和管理计算机系统中各类硬件和软件资源，合理地组织计算机工作流程，控制用户程序的运行，为用户提供各种服务。著名的操作系统有 UNIX、DOS、Windows 等。

编译程序、汇编程序等软件也经常被认为是系统软件。编译程序将程序员用高级语言编写的源程序翻译成与之等价的、机器上可执行的机器语言程序。汇编程序则将程序员用汇编语言书写的源程序翻译成与之等价的机器语言程序。

2. 应用软件

应用软件是指为特定应用领域编写的专用的软件。例如办公软件、人口普查软件、财会软件、银行业务软件、股票行情分析软件、电子邮件管理软件、人事档案软件、学籍管理软件等。应用软件的推广使用推动了软件技术的发展以及计算机的广泛应用。

1.3　常用计算机设备

微型计算机通常称为微机，是计算机家族中的成员之一，是大规模集成电路技术发展的产物。微型计算机系统的硬件系统仍由运算器、控制器、存储器、输入设备和输出设备五大部分组成。为了使微机系统结构更加紧凑，微机的很多部件都装载在主机箱中，因此，从外观上看，微型计算机系统由主机箱和显示器、键盘、鼠标、打印机等外部设备组成。图 1.4、图 1.5 展示了微机主机箱中的部件和主机箱外的部件。

1.3.1　微机的主要技术指标

1. 主频

主频指 CPU 的时钟频率，一般来说，主频越高，一个时钟周期内执行的指令数越多，微机的运行速度越快。也就是说，主频在很大程度上决定了计算机的运行速度。目前市场上主流 CPU 的主频通常在 1.8GHz 以上，高的可达 3.46GHz。

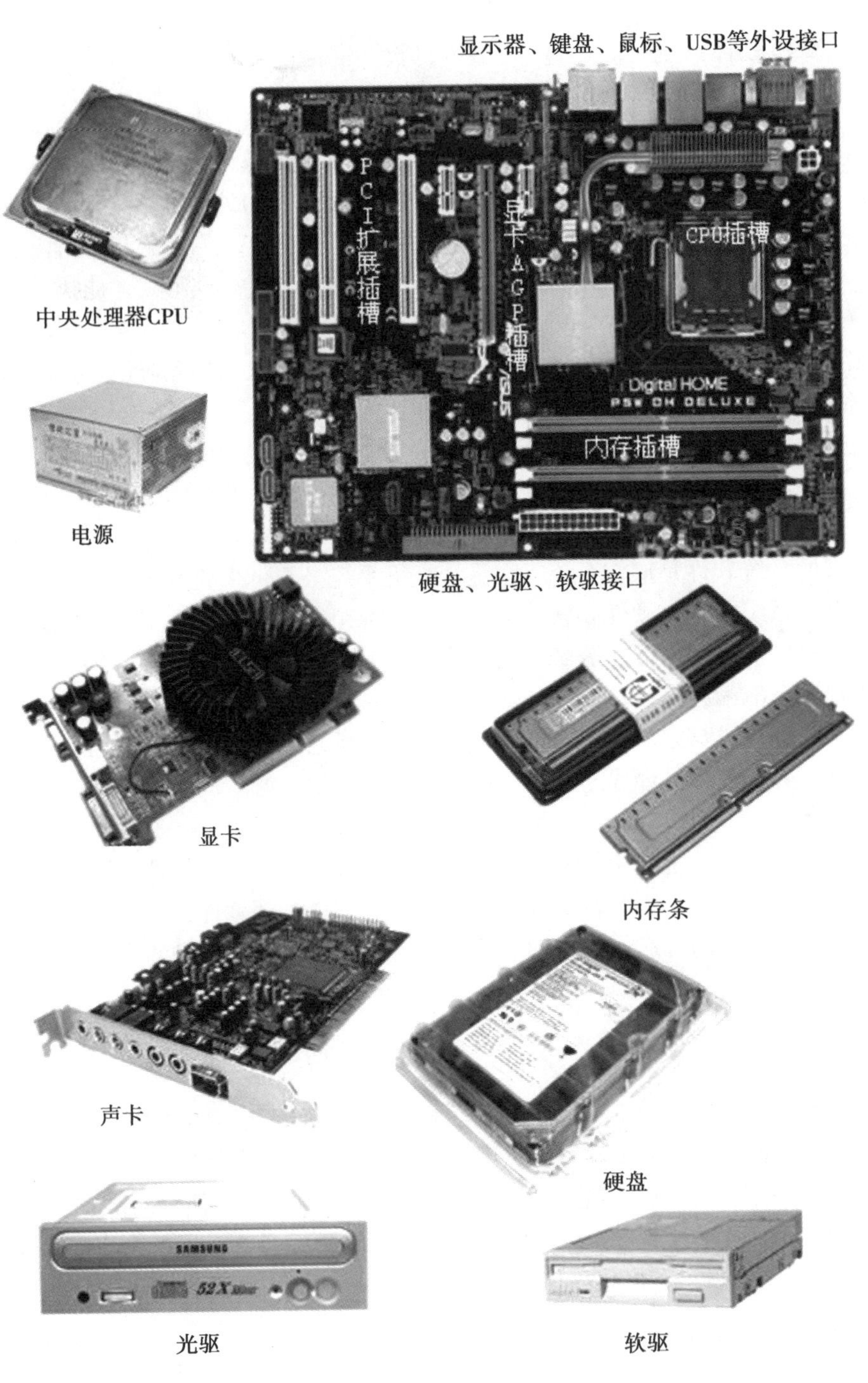

注：硬盘、光驱、软驱是外部设备，但放置在主机箱内

图 1.4　主机箱中的部件

CRT阴极射线管显示器
Acer键盘
液晶显示器
光电鼠标
针式打印机
喷墨打印机
激光打印机
优盘

图 1.5　主机箱外的部件

2. 字长

字长指微机一次能传送、存储和处理的二进制数据位的长度，字长在很大程度上决定了计算机的运算精度。

3. 运行速度

运行速度指微机的存取周期，即微机一次完成读或写信息所需要的时间。微机运行速度的单位为 MIPS，即每秒百万次。

4. 存储容量

存储容量指微机配置的内存容量，即动态随机存储器 DRAM 的容量，其基本单位为字节(B)，常用单位有 MB、GB。目前市场上的单条内存容量通常为 8G、16G，配置时可根据实际的使用需要决定。

值得注意的是，微机的性能并非由某一个单一的技术指标决定，而由整机性能决定。因此，在配置微机时，不能只注意选择一款好的 CPU 而忽略其他部件的选配。此外，在选配各部件时，还应注意部件(硬件)的兼容性。

1.3.2 微机配置——主机箱内的部件

1. 微处理器 CPU

微机的微处理器，通常也称为中央处理器或中央处理单元，即 CPU，是微机的核心部件，由运算器和控制器构成。

CPU 是微机的重要核心部件，它的性能决定了微机的各项关键技术指标。

CPU 的主要技术指标有：型号、核心代号、核心数量、接口类型、制造工艺、主频、外频、总线频率、L2 缓存、工作电压、支持指令集。

目前市场上的主流 CPU 有 Intel 公司生产的酷睿系列与 AMD 公司生产的锐龙系列。

图 1.6 至图 1.8 为 AMD 微处理器外观及包装图。

图 1.6

CPU 必须正确地插接在主板的 CPU 插槽上才能使用，且必须工作在标定的工作电压范围。现在的 CPU 因发热量较大，通常还需配置专用风扇对其进行散热。图 1.9 即为散

图1.7

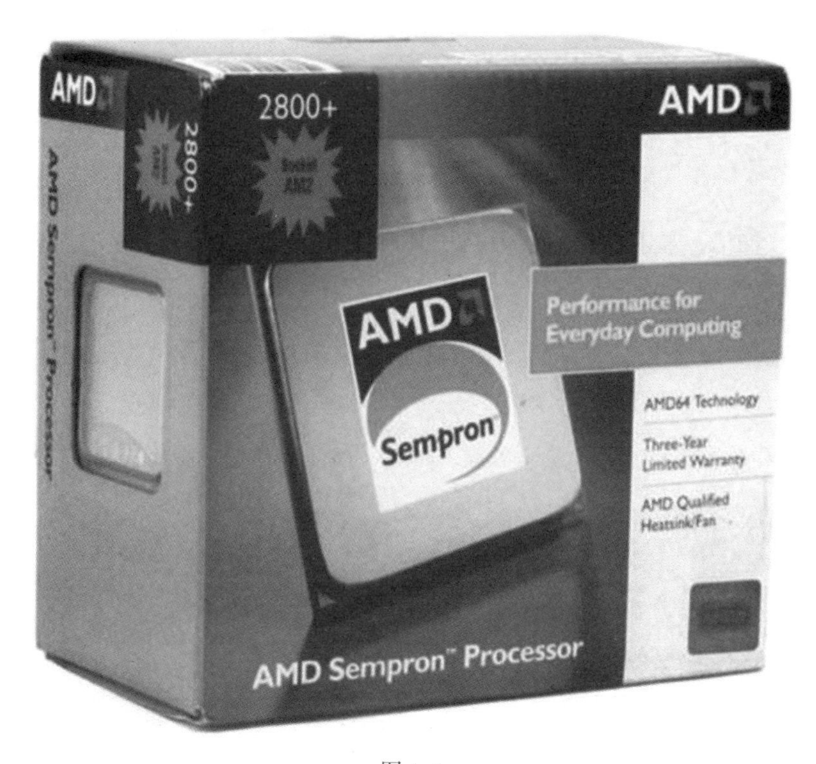

图1.8

热风扇。

2. 主板

主板又称为系统板或母板，是微机机箱中最大的印刷电路板，是微机的核心部件。

主板主要完成电脑系统的管理和协调，支持各种 CPU、功能卡和各总线接口的正常工作。

主板上通常有 CPU 插槽、存储器插槽、输入/输出控制电路扩充插槽、CMOS 芯片、

图 1.9

BIOS(基本输入输出系统)、键盘接口、面板控制开关、电源接口等。

主板的主要技术指标有：产品型号、芯片组、CPU 插槽类型、总线频率、内存插槽、硬盘接口、PCI 插槽、显卡支持、显示芯片、板载音效、USB 接口等。

选购的主板必须与选购的 CPU 具有相同的芯片组型号，即主板必须支持所选购的 CPU。

图 1.10 为主板外观及局部图。

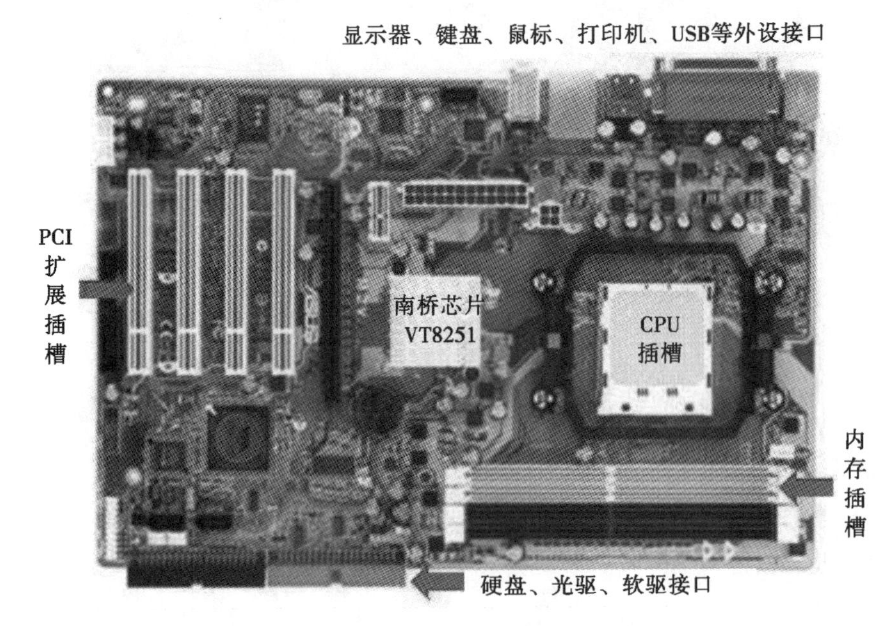

图 1.10

图 1.11

图 1.12

说明：在微机系统中，主板通过总线与计算机各部件交换数据、传送信息。所谓总线是一组公共信号线，微机中的总线分为三组，即数据总线 DB(Data Bus，用于传输数据信息，通常数据总线的宽度等字计算机的字长)、地址总线 AB(Address Bus，用于传送 CPU

发出的地址信息，其宽度决定 CPU 的寻址能力）、控制总线 CB（Control Bus，用于传送控制信号、时序信号、状态信号等）。

微机系统中所采用标准总线结构主要分为系统总线和局部总线。系统总线是一组连接 CPU 和其他存储设备、输入设备和输出设备的低速线路，如 ISA 总线。局部总线是一组连接 CPU 和 RAM 的高速线路，以实现数据的快速传输，如 PCI、AGP 总线。

3. 内存

内存即微机中的动态随机存储器 DRAM，内存只有在加电的状态下才能保持其中的数据，一旦断电，其中的数据将全部丢失。

内存的主要技术指标有：型号、存储容量、工作频率等。

图 1.13、图 1.14 为金士顿内存条实物图。

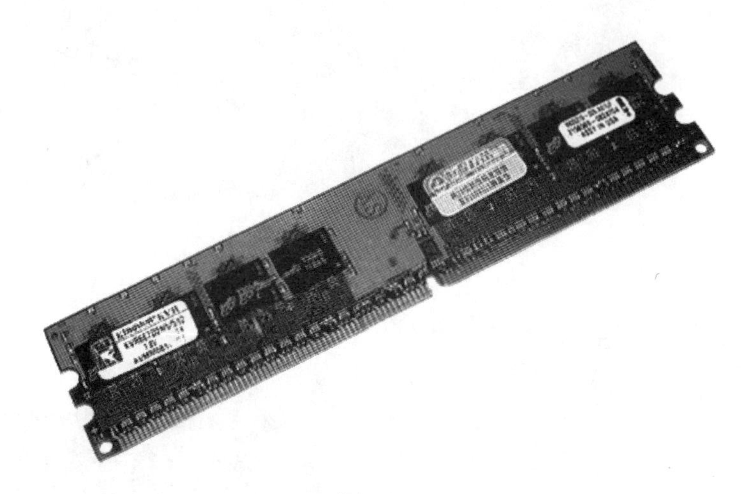

图 1.13

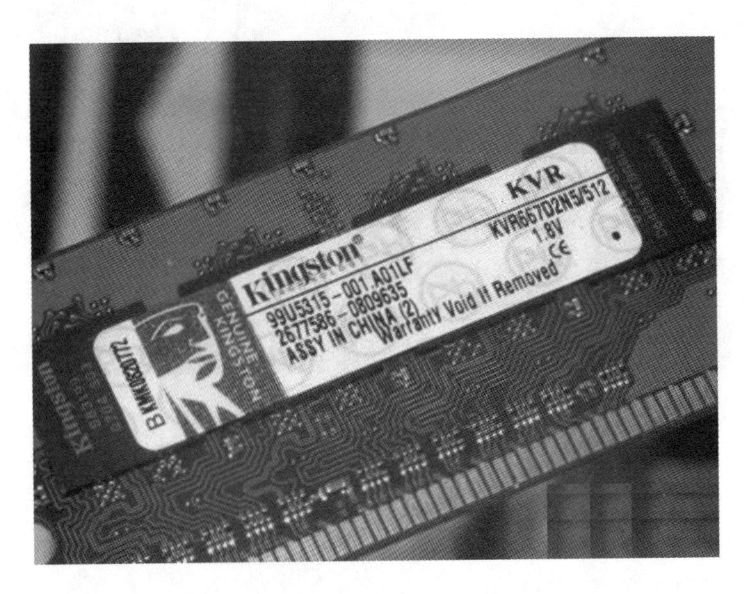

图 1.14

配置内存时，应注意主板的内存插槽是支持单通道还是双通道。内存槽按“Bank”计量，一个 Bank 可能对应 1 个内存槽，也可能对应 2 个内存槽，现在的主板通常有多个 Bank，每个 Bank 对应的内存槽类型可以一致，也可以不一致，这些都由主板的设计决定。因此，配置内存时，应注意查看主板的相关说明。

4. 显卡

显卡又称为显示适配卡，是计算机主机与显示器连接的接口。显示器上图形的显示效果如分辨率、色彩数、刷新率均由显卡决定。显卡分辨率越高，显示器上可看到的图形越精致，显卡支持的色彩数越大，图形显示颜色越丰富。

显卡的主要技术指标有：产品型号、显示芯片类型、核心频率、显存容量、显存频率、显存带宽、显存类型、接口类型、输出接口等。

图 1.15 和图 1.16 为显卡实物图。

图 1.15

图 1.16

显卡应根据配置的选择插接在主板的 AGP 插槽或 PCI-E 插槽上。

5. 声卡

声卡又称为声音适配卡，是计算机主机与声音播放介质(如音箱、耳机等)的接口，通常插接在主板 PCI 扩展插槽上。声音的播放效果与声卡的质量有关。现在的主板通常集成有声卡，如果对音质无特殊要求，则无需再配置声卡。图 1.17 为声卡实物图。

图 1.17

6. 硬盘

硬盘是微机主要的外部存储设备，安装在微机的主机箱中。

硬盘由磁盘驱动器、磁盘、硬盘适配电路组成。通常，硬盘的磁盘驱动器和磁盘封装在一个金属盒子中，因盘片为硬质合金而被称为硬盘，因由温切斯特发明，又被称为温切斯特盘。硬盘通过硬盘适配电路与主板连接。

硬盘的磁盘又多张绕同一轴旋转的盘片叠合封装在一个密封盒中而成(见图 1.18)。

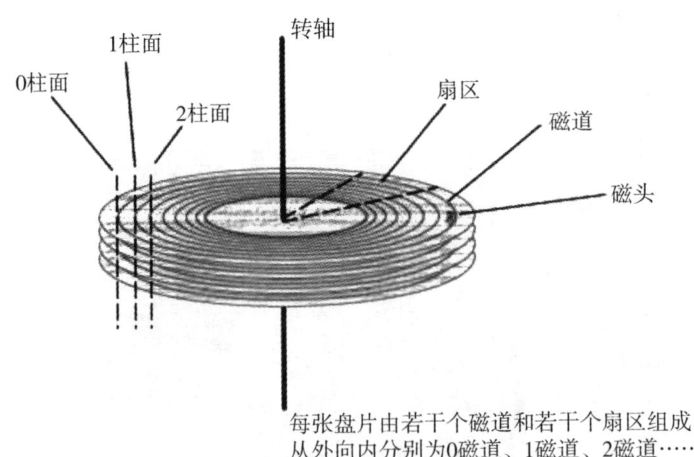
转轴
1柱面
0柱面
2柱面
扇区
磁道
磁头
每张盘片由若干个磁道和若干个扇区组成
从外向内分别为0磁道、1磁道、2磁道……
不同盘片的同一磁道构成一圆柱面称为柱面
柱面由外向内依次为0柱面、1柱面、2柱面……
磁盘将信息按扇区存入

图 1.18

每张盘片表面涂有磁性材料，装有一读写磁头。每张盘片由若干个同心圆即磁道和若干个扇区组成，由外向内分别为 0 磁道、1 磁道、2 磁道……这样所有的盘片的相应磁道就构成一个圆柱面，称为“柱面”，依次为 0 柱面、1 柱面、2 柱面……

硬盘的主要性能指标有：产品型号、标准容量、单碟容量、转速、数据缓存、平均寻道时间、平均潜伏时间、接口、数据传输率等。

图 1.19、图 1.20 即为希捷硬盘实物图。

图 1.19

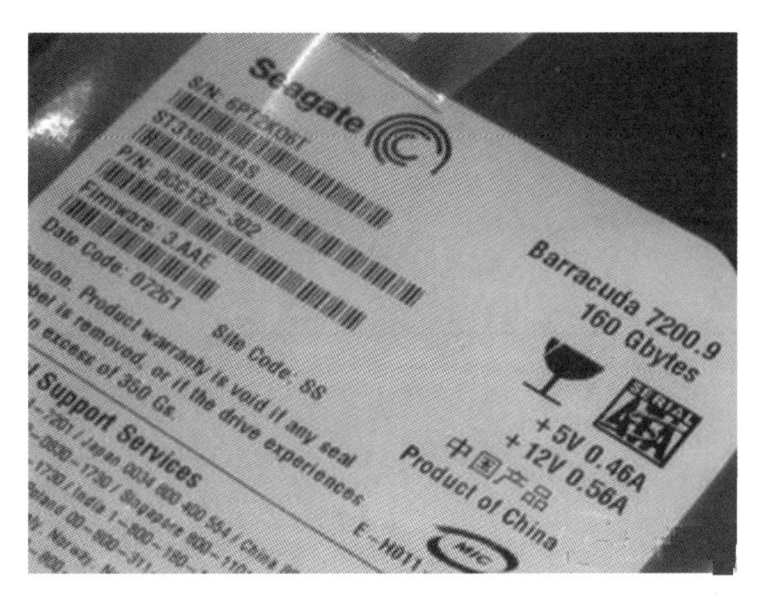

图 1.20

7. 光驱

光盘曾是流行的外部存储设备，光盘片的存储容量较大，且不会受磁场的影响，曾是比较理想的多媒体信息存储设备。

光驱主要分为只读光驱 CD-ROM 和可写光驱(光盘刻录机)。光盘刻录机的主要性能指标有：产品型号、写入速度、最大读取速度、平均寻道时间、缓存容量、接口类型、防刻死技术等。图 1.21、图 1.22 为光驱实物图。

图 1.21

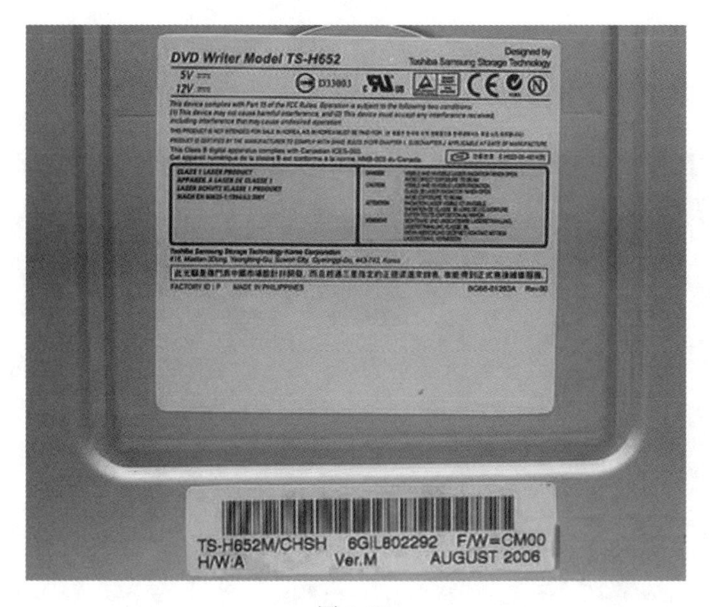

图 1.22

8. 机箱和电源

主机箱使微机的结构变得紧凑，机箱质量的好坏不仅涉及机箱中的部件是否便于安装、空间是否宽敞、散热效果是否良好等，也会影响到主机箱中的部件是否处于一个稳定的工作环境。图 1.23、图 1.24 为机箱外观图。

图 1.23

图 1.24

机箱电源为主板及插接在主板上的各部件供电，因此，电源质量的好坏直接影响到主板及其上各部件能否稳定的工作。由于现在的微机耗电量都较大，需配置足够功率的电源。图 1.25 至图 1.27 为世纪之星电源外观及接口。

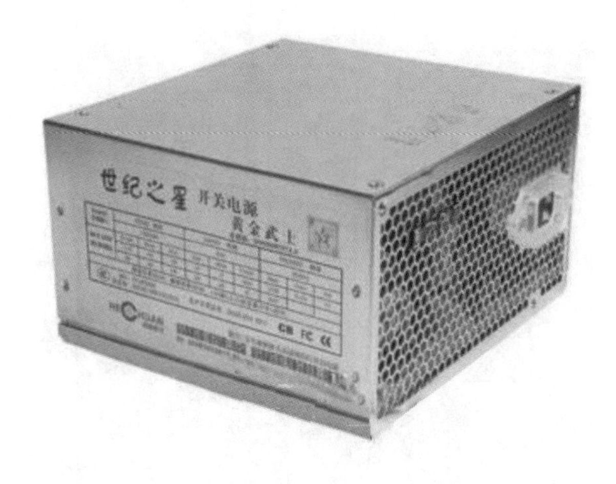

图 1. 25

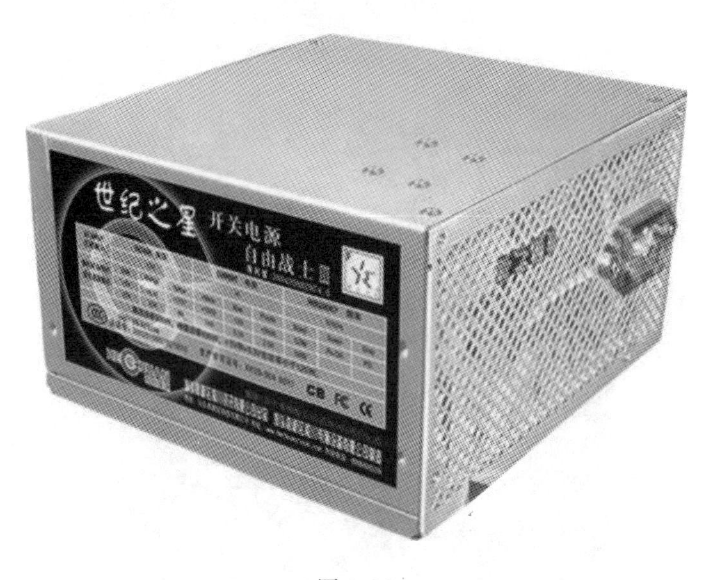

图 1. 26

1. 3. 3 微机配置——主机箱外的部件

1. 显示器

显示器是微机必配的外部输出设备，连接在显卡的输出接口上。

目前的显示器主要是液晶显示器。

液晶显示器具有辐射小、无频闪等优点，属于绿色环保型显示器，现已逐渐成为微机的主流配置。其主要性能指标有：产品型号、屏幕尺寸、点距、亮度、对比度、水平/垂直视角、响应时间、色彩支持、水平频率、垂直频率、最佳分辨率等。

图 1. 28 为液晶显示器实物图。

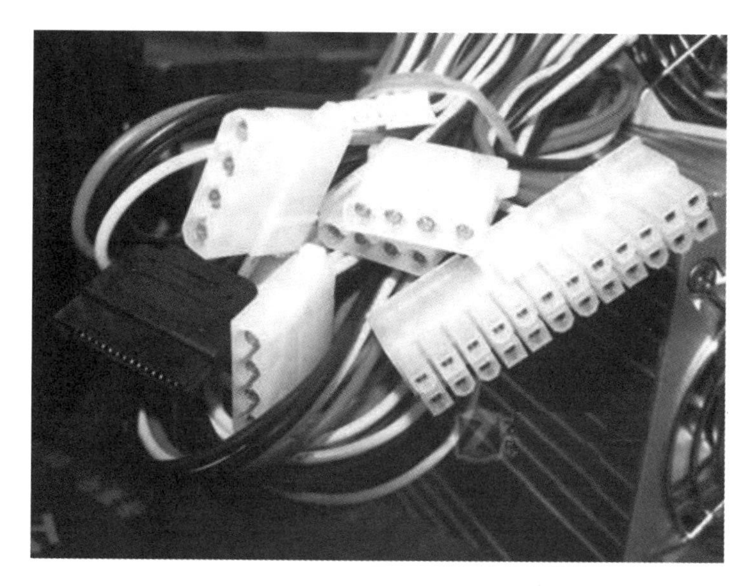

图 1.27

图 1.28

2. 键盘

键盘是微机必配的外部输入设备，连接在主板的串行接口上。

为方便使用者操作，很多键盘增加了 6~8 个功能键，如视窗标志的按键，在 Windows 系统中按下可打开“开始”菜单；有一菜单标志的按键，在 Windows 系统中按下可打开一个快捷菜单等。

图 1.29 为键盘实物图。

图 1. 29

3. 鼠标

鼠标是目前微机常用的外部输入设备，连接在主板的串行接口上。

鼠标按按键数的不同分为两键鼠标、三键鼠标、两键夹一轮鼠标等。通常，鼠标左键默认为主按键，单击用于选定一个操作对象，双击用于打开文档或运行应用程序。右键默认为辅助按键，右击可以打开一个快捷菜单，以便于对选定对象进行相关操作。要更改鼠标左、右按键的功能，可在“控制面板”的“鼠标属性”对话框中进行设置。

图 1. 30 为光电键盘鼠标套装实物图。

图 1. 30

4. 打印机

打印机是微机常用的外部输出设备，连接在主板的并行接口上。

打印机可分为击打式打印机和非击打式打印机两大类。

击打式打印机主要指针式打印机，其工作是通过打印针击打色带在纸张上形成影像(类似复写纸)，因此，打印头是打印机的重要工作部件。打印头按针数的不同可分为 9 针、16 针，针数越多，打印的字符的图像越细腻，印刷质量越好。针式打印机具有可连续打印、可打印蜡纸、耗材(主要是色带)便宜、对纸张质量要求不高等优点，具有噪音大、印刷质量较差等缺点。

非击打式打印机主要有喷墨打印机和激光打印机。喷墨打印机通过喷嘴将油墨喷涂在纸上完成印制，具有机器价格便宜、印刷速度较快、印刷质量较好等优点，具有油墨容易干凝、更换时需要换掉整个墨盒因而耗材较贵等缺点。激光打印机的工作原理与复印机相似，即将文字影像以静电的方式吸附在纸张上，吸附墨粉成像，具有印刷质量高、噪音小、耗材相对便宜等优点，但机器价格较贵。

图 1.31 至图 1.33 为针式打印机、喷墨打印机、激光打印机实物图。

图 1.31

图 1.32

图 1.33

5. 其他

微机常用的外部设备配置还有音箱、耳机、麦克风、扫描仪等，这些都是具有多媒体功能的微机常用的外部输入设备和输出设备。

图 1. 34、图 1. 35 为音箱、扫描仪实物图。

图 1. 34

图 1. 35

1. 3. 4 键盘键位分布及功能简介

键盘按按键功能的不同，分为四个区。如图 1. 36 所示。

1. 字符键区

字符键区也是主键盘区，是键盘最大的、主要的使用区域，这个区的按键包括英文字母键、数字/常用符号键、常用控制键等。

Caps Lock：大写字母锁定键。按一次该键，键盘右上方对应的 Caps Lock 指示灯亮，表明字符键处于大写英文字母锁定状态，即按下英文字母键，将输入一个大写英文字母。

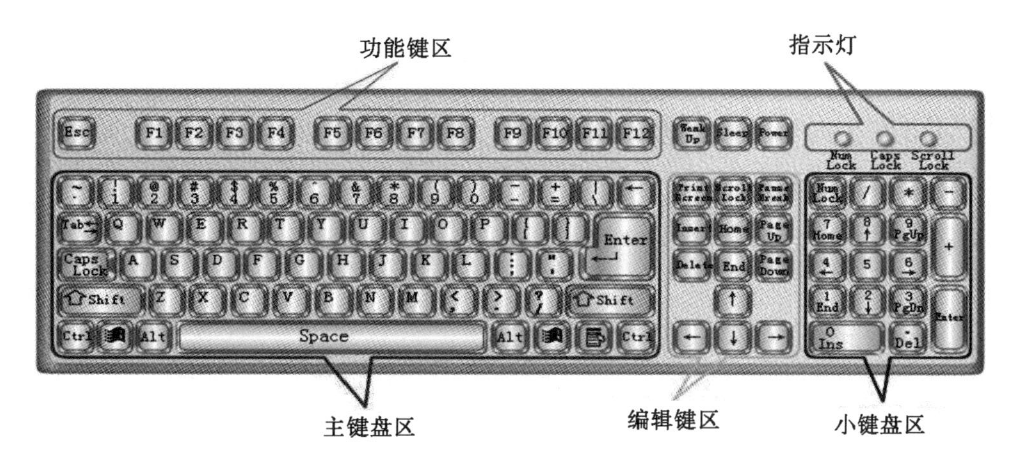

图 1.36

再按一次该键，键盘右上方的指示灯熄灭，表示字符键处于小写英文字母状态，即按下英文字母键，将输入一个小写英文字母。

Shift：上档键，左、右各一个，以便于左、右手配合使用。该键用于帮助输入双字符键上面的符号。按下该键，再击打一个双字符键，将输入双字符键上面的符号。此外，当键盘处于小写字母输入状态时，按下该键，再击打一个字母键，将输入这个大写英文字母；当键盘处于大写字母锁定状态时，按下该键，再击打一个字母键，将输入这个小写英文字母。

Back space：退格键，常标为“←”，在文档编辑状态，按一次该键，将删除插入点光标前的一个字符。

Tab：制表位键。在文档编辑状态，按一次该键，插入点光标将右移一个制表位。此外，如果在桌面上打开多个窗口时，按下 Alt+Tab 键，可实现窗口的转换。

Enter：回车键，用于完成“确认”操作。在文档编辑状态，则为换行分段操作。

Ctrl、Alt：控制键，多用于组合键，即与其他键配合使用。如：在 Windows 系统中，按下 Alt 键，击打 F4 键(即 Alt+F4)，将关闭当前窗口；按下 Ctrl+Shift，可切换输入法；按下 Ctrl+Space(空格键)，可使输入法在当前汉字输入法和英文输入法之间转换。

Space：空格键，在文档编辑状态，按一次该键，将输入一个空格。

2. 功能键区

功能键区位于键盘的上方，包括 Esc 键、F1—F12 键等。

Esc 键：多用于退出应用程序、关闭窗口等操作。

F1—F12 键，在不同的应用程序中，其功能的定义有所不同。如在 Windows 操作系统中，按 F1 键用于运行帮助系统，以获得与当前操作相关的帮助信息；按 F3 键则可打开“查找”或“搜索”对话框，搜索指定的文档、文件等。在“记事本”编辑状态，按 F5 键可在当前插入点光标处插入系统当前日期和时间。在启动 Windows 操作系统时，按 F8 键可进入启动选择菜单，以选择启动方式。

Wake Up：唤醒系统键。当系统处于休眠状态时，按该键可唤醒系统，使其处于工作状态。

Sleep：休眠键。如果要暂时离开计算机，为省电，可使系统处于休眠状态。

休眠和唤醒功能是否能用，取决于主板是否支持休眠和唤醒，并在COMS中进行正确设置。

Power：电源开关。如果主板支持一键开机功能，并在COMS中进行正确设置，则可用该键启动和关闭系统。

3. 编辑键区

编辑键区位于字符键区和小键盘区之间。

Print Screen：屏幕内容复制键，按一次该键，将把整个屏幕内容复制到剪贴板中，用于文档或保存为图片。如果按下Ctrl+Print Screen键，则仅复制当前窗口到剪贴板。

Scroll Lock：滚动锁定键。按一次该键，键盘右上方对应的指示灯亮，其作用是在显示长文件时，用于停止滚动。再按一次该键，键盘右上方对应的指示灯熄灭，可恢复滚动。

Pause Break：暂停键。用于暂停程序的运行，可按任意键恢复程序的继续运行。

Insert：插入/改写状态转换键。在Word等文档编辑状态，默认为插入状态，即输入的字符将插入到插入点光标位置，后面的字符依次退后。按一次该键，插入状态转换为改写状态，即输入的字符将覆盖后面的字符。再按一次该键，则改写状态转换成插入状态。

Delete：删除键。在文档编辑状态，按一次该键，将删除已选定的内容或删除插入点光标后的一个字符。

Home：在文档编辑状态，按一次该键，插入点光标移动到当前所在行的行首。

End：在文档编辑状态，按一次该键，插入点光标移动到当前所在行的行尾。

PageUp：在文档编辑状态，按一次该键，插入点光标向上移动一屏。

PageDn：在文档编辑状态，按一次该键，插入点光标向下移动一屏。

↑、↓、←、→：光标控制键，按一次该键，光标向上或向下移动一行，或向左、向右移动一个字符。

4. 小键盘区

小键盘区位于键盘的右侧。

NumLock：数字状态锁定键。按下该键，上面对应的指示灯亮，表明小键盘区处于数字输入状态，以方便大量数字的输入。再次按下该键，上面对应的指示灯熄灭，表明小键盘处于编辑控制状态，按下数字键，将按按键上标注的编辑键功能进行操作。

*：在数值运算中，该键表示乘号。

/：在数值运算中，该键表示除号。

1.4 信息安全与知识产权

随着全球信息化的迅猛发展，国家的信息安全和信息主权也已成为越来越突出的重大战略问题，关系到国家的稳定与发展。由于计算机信息的安全直接影响到政治、经济、军事、科学以及日常生活的各个领域，如何有效地保障计算机系统中信息的安全，就成为计算机研究与应用中一个重要的课题。

1.4.1 信息安全概述

1. 信息安全的定义

国际标准化委员会的定义是：为数据处理系统采取的技术的和管理的安全保护，以保护计算机硬件、软件、数据不因偶然的或恶意的原因而遭到破坏、更改或泄露。

计算机信息安全分为两个层次，第一层次为计算机系统安全，第二层次为计算机数据安全。系统安全又分为两个部分，物理安全和网络安全。威胁计算机信息安全的因素主要有计算机犯罪、计算机病毒、自然危害、其他危害等。

2. 计算机信息安全的要求

(1)保密性，指系统中的数据只能由授权的用户访问。

(2)完整性，指系统中的数据只能由授权的用户修改。

(3)可用性，指系统中的数据对授权用户是有效的和可用的。

3. 威胁计算机信息安全的手段

(1)重现，指捕获网上的某个数据单元，然后重新传输来产生一个非授权的效果。

(2)修改，指修改原有系统中的某个合法数据，然后重新排列来产生一个非授权的效果。

(3)破坏，指利用系统的漏洞破坏系统的正常工作和管理。

(4)伪装，指通过截取授权的信息，然后伪装成已授权的用户进行攻击。

1.4.2 黑客与防火墙

1. 黑客与特洛伊木马

到了今天，黑客在互联网上已经不再是鲜为人知的人物，而是已经发展成网络上的一个独特的群体。他们有着与常人不同的理想和追求，有着自己独特的行为模式，网络上出现了很多由一些志同道合的人组织起来的黑客组织。但是这些人从什么地方来的呢？他们是什么样的人？其实，除了极少数的职业黑客以外，大多数都是业余的黑客。而黑客其实也和现实中的平常人没有两样，或许他就是一个在普通高中就读的学生。

有人曾经对黑客年龄这方面进行过调查，组成黑客的主要群体是 18~30 岁的年轻人。他们大多是在校的学生，因为他们对计算机有着很强的求知欲，且好奇心强、精力旺盛等诸类因素，这都是使他们成为黑客的原因。还有一些黑客大多有自己的事业或工作，大致分为：程序员、资深安全员、安全研究员、职业间谍、安全顾问等。

黑客是英文 Hacker 的音译，原意是指水平高超的程序员。而不是那些非法入侵他人计算机系统，破坏系统安全的人。他们通常具有软硬件的高级知识，并有能力通过创新方法剖析系统，检查系统的完整性和安全性。提起黑客，还必须涉及“入侵者”这一概念，入侵者是指怀有不良企图，非法闯入，甚至破坏远程计算机系统的人。入侵者利用获得的非法访问权破坏重要数据，拒绝合法用户的服务请求，或者为了某种目的给他人制造麻烦。

黑客如果要入侵他人的计算机系统，必须借助于一定的工具。这些工具是一些专业的远程控制程序，通常称之为特洛伊木马。

计算机特洛伊木马不能称为病毒，因为它不具备病毒的基本特征，但对计算机的安全威胁最大。大多数计算机病毒只是毁坏计算机中的数据，而特洛伊木马却可以让其他人控制用户的计算机和其中保存的信息，用户本人却完全不知。

严格来说，特洛伊木马是一种恶意程序，能够狡猾地隐藏在看起来无害的程序内部。当宿主程序被启动时，该特洛伊木马也被激活(许多特洛伊木马在计算机启动时，就自动启动并在后台运行)。然后特洛伊木马打开一个称为后门(Backdoor)的连接。通过这个后门，黑客可以容易地进入用户的计算机，并且接管该计算机。

特洛伊木马对用户计算机的控制级别取决于编程人员已经内建于其中的内容，它通常给予黑客对用户计算机上所有文件的总控制权。某些特洛伊木马甚至能够允许黑客远程更改用户的系统设置。事实上，某些特洛伊木马为远程黑客提供的对计算机的控制权甚至比用户本人还多。

2. 感染木马的症状

当计算机被黑客种上特洛伊木马以后，一般会出现如下症状：

(1)命令响应速度下降。对于习惯使用一台计算机的用户来说，可轻易地发现计算机命令响应速度的异常。

(2)并未执行任何操作，而硬盘灯却闪烁，可能是黑客正通过木马在计算机上上传或下载文件。

(3)浏览网页时网页自动关闭。

(4)软驱或光驱在无盘的情况下连续读取。

(5)文件被移动位置，计算机被关闭或重新启动，甚至有人请求匿名聊天。

3. 黑客防范措施

黑客要入侵远程计算机，必须首先在要入侵的计算机上种植木马，为此必须满足知道远程计算机的 IP 地址和远程计算机的系统漏洞。要免遭黑客的攻击，关键在于提高网络安全意识，并采取如下措施。

(1)如果可能，使计算机单机运行，这样绝对不会受到黑客的攻击。

(2)上网时设法隐藏自己的 IP 地址，不要随意将详细资料告诉网络上的其他人，例如使用的操作系统、电子邮箱地址等，其中尤其是计算机 IP 地址。

(3)设置有效的密码，因为设定过于简单的密码，如简单的数字、单纯的英文名或单个字符以及与账号相同的密码会使黑客容易猜中。黑客要入侵密码保护的计算机时，通常首先尝试简单的可能猜中的密码。若这道防线被突破，则失去了密码的意义。因此在设置密码时，最好以英文加特定的数字。设置的密码越复杂，网络安全的防护越有保障。

(4)严禁将账号及密码外借他人，以防止被别有用心的人利用。

(5)使用社交软件时，不要随便同意他人登录或接收他人传送的文件。

(6)尽量使用较新版本的操作系统或应用软件，因为随着软件的升级换代，漏洞会相对较少。并且关注软件开发商发布的软件补丁，在安装补丁时一定要确保补丁的安全来源。

(7)使用 Internet 连接防火墙，可以限制从局域网进入 Internet 以及从 Internet 进入局域网的信息。针对网络安全问题，出现了许多专业的防火墙软件，用户可以对比选择使用。

4. 防火墙

防火墙(Firewall)是指设置在不同网络或网络安全域之间的一系列部件的组合。防火墙是不同网络或网络安全域之间信息的唯一出入口，能根据企业的安全政策控制(允许、拒绝、监测)出入网络的信息流，且本身具有较强的抗攻击能力。防火墙是提供信息安全服务、实现网络和信息安全的基础设施。

在逻辑上，防火墙既是一个分离器和限制器，也是一个分析器。防火墙既能有效地监控内部网和 Internet 外部网之间的任何活动，保证内部网络的安全；又能对网络中来往的通讯数据进行分析，为网络管理人员提供网络运行的基础数据。防火墙具有很好的保护作用。入侵者必须首先穿越防火墙的安全防线，才能接触目标计算机。

设计防火墙的目的主要有：

(1)限制外部人员进入内部网络，过滤掉不安全服务和非法用户。

(2)防止入侵者接触内部网络中的设施。

(3)限定用户访问特殊站点。

(4)为监视 Internet 安全提供方便。

1.4.3　计算机病毒

1. 计算机病毒的定义

计算机病毒是一个程序，但和普通的计算机程序又有不同。早在 1994 年 2 月 18 日，我国就正式颁布实施了《中华人民共和国计算机信息系统安全保护条例》，在第二十八条中明确指出：“计算机病毒，是指编制或者在计算机程序中插入的破坏计算机功能或者毁坏数据、影响计算机使用、并能自我复制的一组计算机指令或者程序代码。”

2. 计算机病毒的特点

计算机病毒在计算机中生存、传播，并具有以下特点：

(1)非授权可执行性。当用户调用或执行一个程序时，这个程序便拥有了对系统的控制权，并分配给它相应的系统资源，如内存，从而使之能够运行完成用户的需求。因此程序执行的过程对用户是透明的。而计算机病毒是非法程序，它具有正常程序的一切特性：可存储性、可执行性。它隐藏在合法的程序或数据中，当用户运行正常程序时，病毒伺机窃取系统的控制权而抢先运行。

(2)隐蔽性。计算机病毒是一种具有很高编程技巧、短小精悍的可执行程序。它通常黏附在正常程序之中或磁盘引导扇区中，或者磁盘上标为坏簇的扇区中，以及一些空闲概率较大的扇区中，这是它的非法可存储性。病毒想方设法隐藏自身，就是为了防止用户察觉。

(3)传染性。传染性是计算机病毒最重要的特征，是判断一段程序代码是否为计算机病毒的依据。病毒程序一旦侵入计算机系统便开始搜索可以传染的程序或者磁介质，然后通过自我复制迅速传播。由于目前计算机网络日益发达，计算机病毒可以在极短的时间内，通过像 Internet 这样的网络传遍世界。

(4)潜伏性。计算机病毒具有依附于其他媒体而寄生的能力，这种媒体我们称之为计算机病毒的宿主。依靠病毒的寄生能力，病毒传染合法的程序和系统后，不立即发作，而是悄悄隐藏起来，然后在用户不察觉的情况下进行传染。病毒的潜伏性越好，它在系统中存在的时间也就越长，病毒传染的范围也越广，其危害性也就越大。

(5)表现性或破坏性。无论何种病毒程序一旦侵入系统就会对操作系统的运行造成不同程度的影响。即使不直接产生破坏作用的病毒程序也要占用系统资源(如占用内存空间，占用磁盘存储空间以及系统运行时间等)。绝大多数病毒程序会显示一些文字或图像，影响系统的正常运行；有些病毒程序删除文件，加密磁盘中的数据，甚至摧毁整个系统，使之无法恢复，造成无可挽回的损失。因此，病毒程序的存在轻者降低系统工作效率，重者导致系统崩溃、数据丢失。病毒程序的表现性或破坏性体现了病毒设计者的真正意图。

(6)可触发性。计算机病毒一般都有一个或者几个触发条件。触发的实质是一种条件的控制，病毒程序可以依据设计者的要求，在一定条件下实施攻击。这个条件可以是敲入特定字符，使用特定文件，某个特定日期或特定时刻，或者是病毒内置的计数器达到一定次数等。

世界已进入互联网时代，人们的生活越来越多地与网络联系到了一起。计算机网络系统的建立让多台计算机能够共享数据资料和外部资源，然而也给计算机病毒带来了更为有利的生存和传播环境。在网络环境中，计算机病毒具有以下一些新特点：传染方式多、传染速度快、清除难度大、破坏性强等。

3. 计算机病毒的类型

目前对计算机病毒的分类方法多种多样，常用的有以下几种：

(1)按传染方式分类。

①引导型病毒。出现在系统引导阶段。即系统启动时，病毒用自身代替原磁盘的引导记录，使得系统首先运行病毒程序，然后才执行原来的引导记录。每次启动后病毒都隐藏下来，伺机发作。

②文件型病毒。一般只传染 . COM、. EXE、. SYS 等可执行文件。在用户调用染毒的可执行文件时，病毒首先被运行，然后驻留内存伺机传染其他文件。其特点是附着于正常程序文件，成为程序文件的一个外壳或部件，这是较为常见的传染方式。

③复合型病毒。即传染磁盘引导区，又传染可执行文件。这类病毒一般可通过测试可执行文件的长度来判断它是否存在。

④宏病毒。宏病毒是寄存于 Office 文档的宏代码。可攻击 . DOC 和 . DOT 文件，它除了借助移动硬盘等传染外，还能通过电子邮件、Web 下载、文件传输等网络操作进行传播。

(2)按连接方式分类。

①源码型病毒。主要攻击高级语言编写的源程序，它将自己插入系统的源程序中，并随源程序一起编译、连接成可执行文件，从而导致刚刚生成的可执行文件就直接带毒，不过这类病毒较少见，也难以编写。

②入侵性病毒。可用自身部分代替正常程序中的部分模块或堆栈区，因此这类病毒只攻击某些特定程序，针对性强。一般情况下难以被发现，清除起来也困难。

③操作系统病毒。直接感染操作系统，用其自身部分加入或替代操作系统的部分功能，危害性很大。

④外壳病毒。将自身附在正常程序的开头或结尾，相当于给正常程序加了个外壳。大部分文件型病毒都属于这一类。

(3)按破坏的后果分类。

①良性病毒。干扰用户工作，但不破坏系统数据。清除病毒后，便可恢复正常。常见的情况是大量占用 CPU 时间和内存、外存资源，从而降低运行速度。

②恶性病毒。破坏数据，造成系统瘫痪。清除病毒后，也无法修复丢失的数据。常见的情况是破坏、删除系统文件，甚至重新格式化磁盘。

1.4.4　计算机病毒的防治

1. 积极预防计算机病毒的侵入

(1)不要乱用来历不明的程序或软件，也不要使用非法复制或解密的软件。

(2)对外来的机器和软件要进行病毒检测，确认无毒才可使用。

(3)对于重要的系统盘、数据盘以及硬盘上的重要信息要经常备份，以使系统或数据在遭到破坏后能及时得到恢复。

(4)安装杀毒软件，时刻监视系统的各种异常并及时报警，以防病毒的侵入。

2. 及时发现计算机病毒

尽管采用各种各样的预防措施，还是常常由于不慎，使计算机染上病毒。病毒侵入计算机系统后，越早发现对计算机造成的损害越小。那么怎样才能及时发现计算机病毒呢？下面一些现象可以作为检测计算机病毒的参考。

(1)程序装入时间比平时长，运行异常。

(2)有规律地发现异常信息。

(3)磁盘的空间突然变小了，或不识别磁盘设备。

(4)机器经常出现死机现象或不能正常启动。

(5)发现可执行文件的大小发生变化或发现不知来源的隐藏文件。

(6)屏幕上经常出现一些莫名其妙的提示信息、特殊字符、闪亮的光斑或异常的画面等。

(7)一些程序或数据莫名其妙地被删除或修改。

(8)用户访问设备时发现异常情况，如打印机不能联机或打印符号异常。

如果发现计算机病毒，应及时清除。

3. 及时清除计算机病毒

随着计算机病毒的日益增多和破坏性的不断增大，反病毒技术也在迅速发展。检测并清除计算机病毒的方法很多，简便并常用的方法是使用反病毒软件。

目前流行的病毒检测和杀毒软件有卡巴斯基、360 杀毒等。它们可以对软、硬盘上的多种病毒进行诊断和消除。由于计算机病毒的种类繁多，新的变种不断出现，因此杀毒软件是有时间性的。所以反病毒软件需要不断升级，消除病毒时也应选择最新版本的反病毒软件。

1.4.5 注重信息素养，遵循网络道德

1. 信息素养的构成与培养

在现实社会中存在着正确使用网络的动力，同时也存在着错误使用网络的可能，有故意的，也有无意的。因此，人们需要能够理解与网络相关的道德、文化和社会问题；能够负责任地使用网络系统、信息和软件；对网络用于支持终身学习、协作、个人追求、提高学习效率和提高生活质量持积极态度。

(1)现代信息社会需要大学生必须具有使用计算机与其他信息技术来解决自己工作、学习及生活中各类问题的意识。

(2)现代信息社会需要大学生必须掌握基本的计算机科学技术知识。

(3)现代信息社会需要大学生必须具有高效地获取信息与处理信息的能力。

2. 网络道德的基本规范

作为一种正在形成过程中的规范体系，网络道德规范远没有现实道德规范那样完善，因此，目前我们讨论的只能是一些基础性或一般性的规范要求。

在网络发源地的美国，一些计算机组织和专家学者对计算机信息技术所引发的道德问题的研究是比较丰富的，也提出了一些相关的规范原则。比较著名的有美国计算机伦理协会为计算机伦理学制定的“十条戒律”和美国计算机协会提出的八条伦理要求。

“十条戒律”包括：(1)你不应用计算机去伤害别人；(2)你不应干扰别人的计算机工作；(3)你不应窥探别人的文件；(4)你不应用计算机进行偷窃；(5)你不应用计算机做伪证；(6)你不应使用或拷贝你没有付钱的软件；(7)你不应未经许可而使用别人的计算机资源；(8)你不应盗用别人的智力成果；(9)你应考虑你所编程序的社会后果；(10)你应该以深思熟虑和慎重的方式来使用计算机。

计算机协会提出的八个方面的职业行为规范包括，(1)为社会和人类作出贡献；(2)避免伤害他人；(3)要诚实可靠；(4)要公正并且不采取歧视性行为；(5)尊重包括版权和专利在内的财产权；(6)尊重知识产权；(7)尊重他人的隐私；(8)保守秘密。

我国学者严耕、陆俊等人在其专著《网络伦理》一书中则提出了网络道德的“四原则”，即全民原则、兼容原则、互惠原则和自由原则。他们指出，由于网络的一个基本特征是打破地域和民族界限把世界联成一个“网络共同体”，因此，制定和提出网络道德基本规范必须具备“普遍有效性”的特点。

应该说，以上组织和学者从不同角度提出的规范要求都有开创性的意义，对于我们总结、提炼、形成一个系统的网络道德规范有很好的借鉴作用。但正如网络的飞速发展一样，其道德规范的要求也在发展。因此，今天讨论网络道德规范，既要很好地吸收和借鉴已有的并已见成效的成果，同时也要研究网络的发展趋势，提出更符合实际的规范。而我

们知道，作为一种道德规范，最重要的作用之一就在于对其实践主体的行为能够起到教化、指导和约束作用，当抽象、概括、提出一种道德规范的原则时，应该考虑这些原则在主体践行过程中的可行性。基于这些认识，我们认为，网络道德的基本规范应主要包括以下四个方面的内容：爱国、守法、无害、友善。

第2章　计算机操作系统配置与应用

任务1　认识操作系统

一、任务要点

1. 启动和关闭 Windows 7 操作系统。
2. 更改桌面图标位置和开始菜单显示方式。
3. 创建快捷方式图标和文件夹图标。
4. 调整任务栏和窗口。

二、任务描述

邓俊杰将自己的计算机升级为 Windows 7 操作系统，他迫不及待地开机操作起来。

三、操作思路

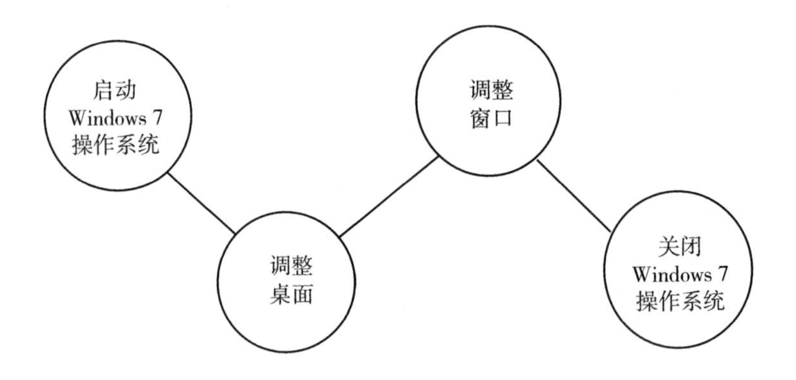

四、操作步骤

1. 启动 Windows 7 操作系统

(1)开机。

打开显示器，按下主机面板上的电源开关，计算机开始自检，然后启动 Windows 7 操作系统。

(2)显示桌面。

启动完成后，在显示器上出现的屏幕区域称为桌面。它是用户工作的界面。桌面内容如图2.1所示。

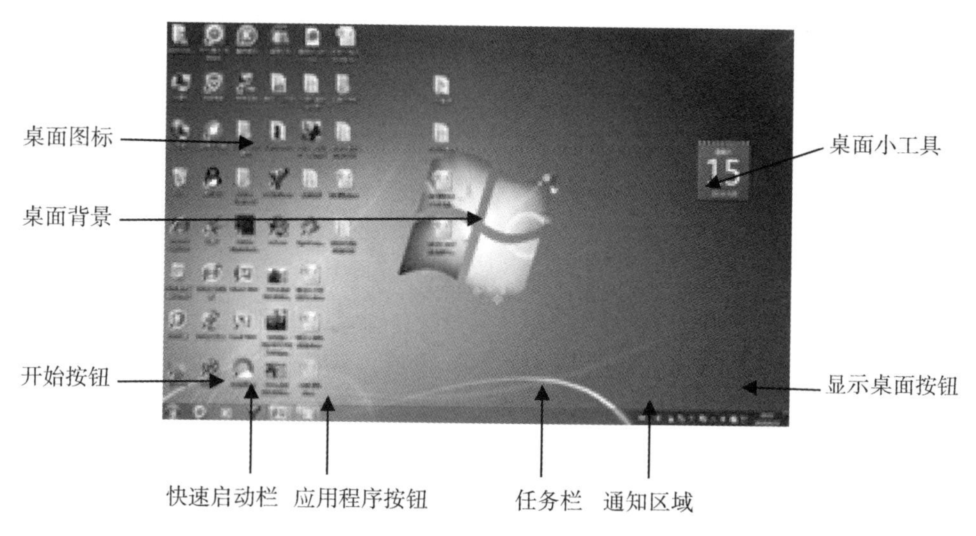

图2.1 Windows 7桌面

2. 调整桌面

(1)更改桌面图标排序方式。

如果需要以某种排序方式对桌面上的图标做统一调整，可按如下步骤操作：①在桌面空白处单击鼠标右键，在弹出的快捷键菜单中选择“排序方式”。②选择“名称”命令。

如果需要调整某个图标的位置，可将鼠标移动到相应图标上单击左键，移动到想要摆放的位置。

(2)创建快捷方式图标。

邓俊杰经常用到画图工具，他想将该软件的图标也放到桌面上。

1 选择【开始菜单】/【所有程序】/【附件】/【画图】。右击选择【发送到】/【桌面快捷方式】。

(3)新建文件夹。

邓俊杰在学校参加了三个社团，活动比较多，他需要在桌面上创建一个名为“提醒”的文件夹，将重要的资料都放进去。

①在桌面空白处单击鼠标右键，在弹出的快捷菜单中选择“新建”项。②选择“文件夹”命令。③输入文件名称“提醒”后按 Enter 键。

(4)更改“开始菜单”显示方式。

邓俊杰经常调用控制面板的内容，他需要将“开始”菜单中的“控制面板”调整为显示下一级的菜单。

①右击“开始”按钮，在快捷菜单栏中选择“属性”，选择“开始菜单”选项卡。②单击“自定义”按钮。③在下拉菜单的“控制面板”中，将其设置为“显示为菜单”。④单击“确定”按钮。操作步骤如图2.2所示。

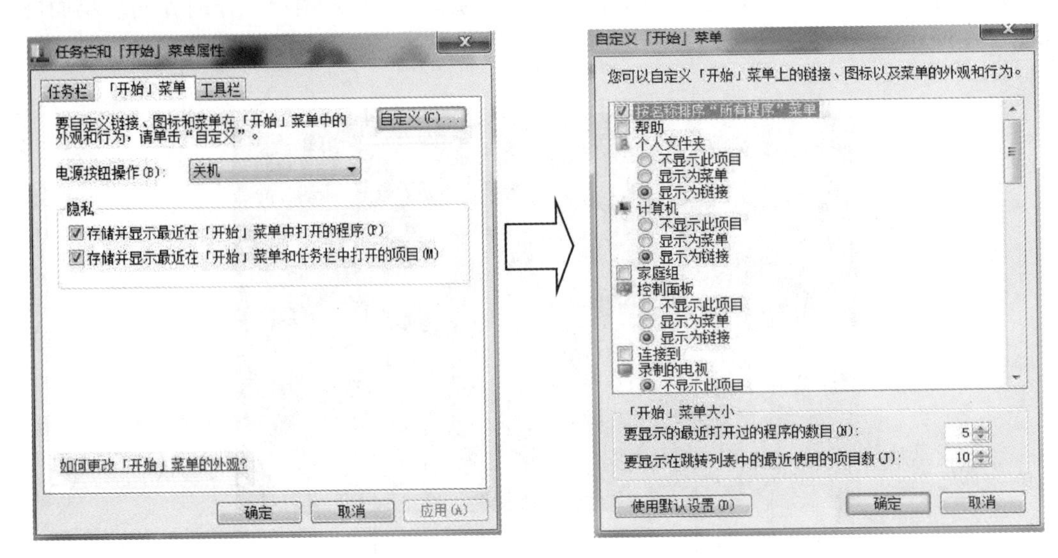

图 2.2　更改"开始菜单"显示方式

(5)调整任务栏。

邓俊杰发现桌面底部的任务栏并不是一成不变的，它可实现以下调整：

①改变任务栏的高度。将鼠标指针移到任务栏与桌面交界处，鼠标指针会变为双箭头形状，按住鼠标左键上下移动，确定鼠标高度后释放鼠标，效果如图 2.3 所示。

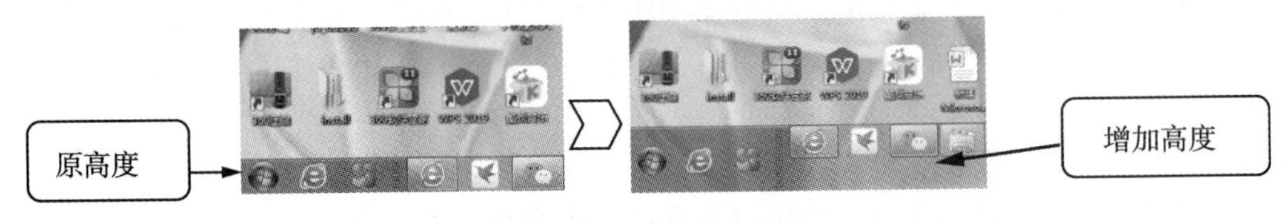

图 2.3　改变任务栏高度

②改变任务栏的位置。将鼠标指针放在任务栏的空白处，按住鼠标左键将任务栏拖动至目标位置释放鼠标即可，效果如图 2.4 所示。

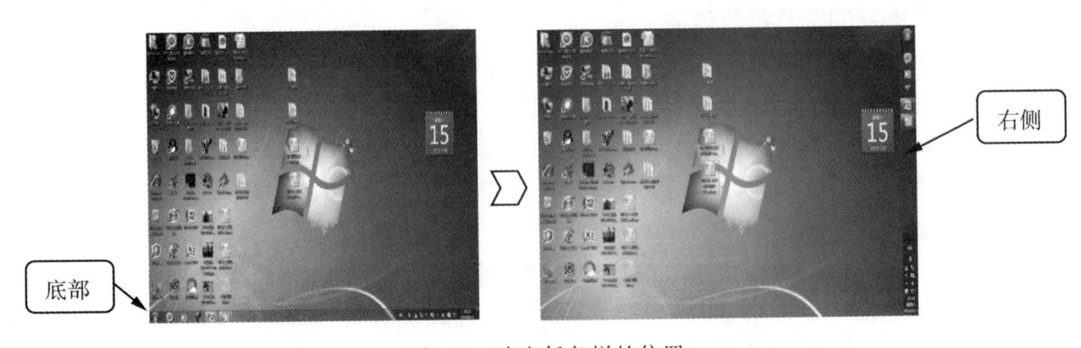

图 2.4　改变任务栏的位置

③隐藏和锁定任务栏。右击任务栏，弹出快捷菜单，选择【属性】/【任务栏】/【任务栏外观】，选择“锁定任务栏”和“自动隐藏任务栏”复选框，效果如图 2.5 所示。

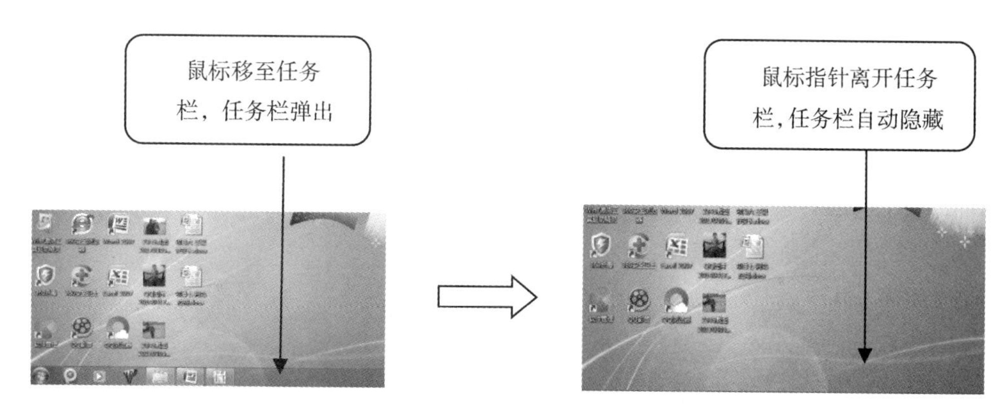

图 2.5　自动隐藏任务栏

3. 调整窗口

窗口是用户与应用组件交流的可视化界面。当用户运行一个应用程序时，应用程序就创建并显示一个窗口；当用户操作窗口中的对象时，程序会做出相应反应；用户通过关闭一个窗口来终止一个程序运行。窗口可按需调整。

(1)打开窗口。

双击桌面上“”图标，打开“计算机”窗口，如图 2.6 所示。

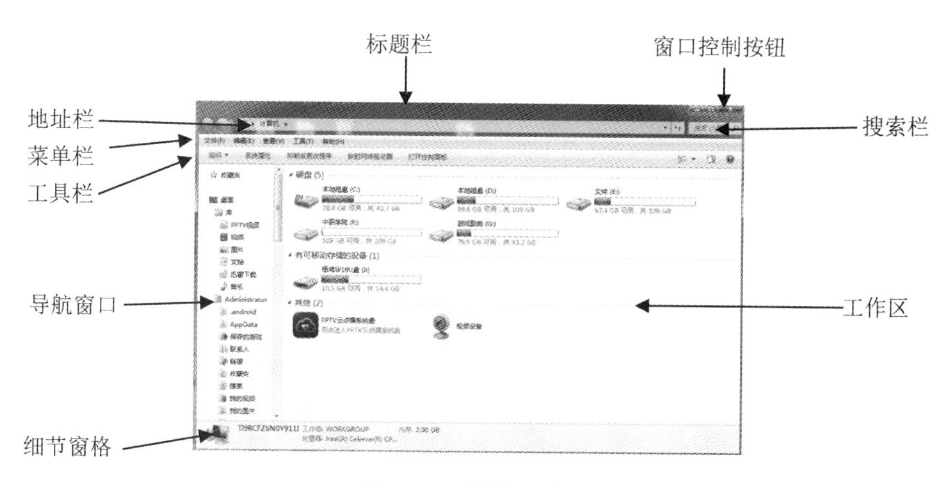

图 2.6　“计算机”窗口

(2)改变窗口大小。

①将鼠标指针移至窗口左侧或右侧边缘，当鼠标指针变为“⟺”状，按住鼠标左键左右拖动，确定宽度后释放鼠标。②将鼠标指针移至窗口的上边缘和下边缘，当鼠标指

针变成“⇕”形状，按住鼠标左键上下拖动，确定高度后释放鼠标。

(3)移动窗口。

将鼠标指针移至窗口的标题栏，按住鼠标左键拖动，可以移动窗口位置。

(4)排列窗口。

①同时打开“计算机”和“回收站”窗口。②右击任务栏空白位置，在弹出的快捷菜单中选择“堆叠显示窗口”命令。

(5)关闭窗口。

单击窗口控制按钮中“关闭”按钮。

4. 关闭 Windows 7 操作系统

选择【开始菜单】/【关机】命令，如图 2.7 所示。

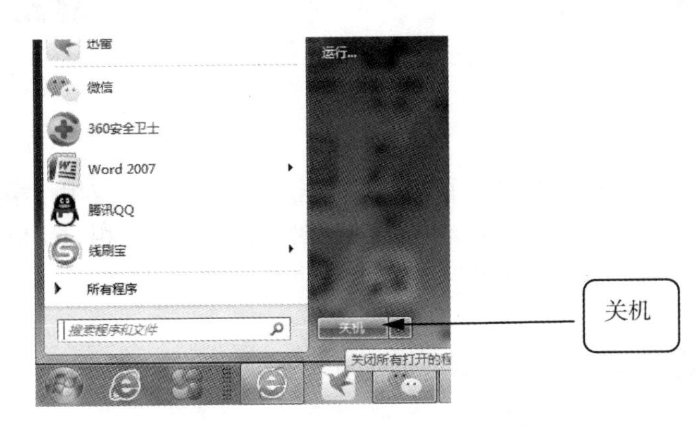

图 2.7　关闭 Windows 7 操作系统

五、相关知识

操作系统是管理和控制计算机硬件与软件资源的计算机系统，是直接运行在“裸机”上的最基本的系统软件，任何其他软件都必须在操作系统的支持下才能运行。下面分别介绍计算机软件系统组成、Windows 7 操作系统、菜单、对话框等知识内容。

1. 计算机软件系统组成

(1)概念。

计算机软件是指计算机执行各种操作的指令序列，是用户与计算机硬件之间的接口界面，用户需要通过软件与计算机进行交流。

(2)分类。

①系统软件。

系统软件是指管理、控制和维护计算机硬件和软件资源，并使其充分发挥作用，以提高效率、方便用户的各种程序集合。系统软件分为操作系统、语言处理程序、数据库管理系统和服务性程序。

操作系统是最基本、最重要的系统软件。它负责管理计算机系统的全部软件资源和硬件资源，合理地组合计算机各部分协调工作，为用户提供操作和编程界面。

操作系统是系统软件的核心，是用户与计算机系统教学交互界面每个用户都通过操作系统来使用计算机。每个程序都要通过操作系统获得必要的资源才能执行。例如，程序执行前必须获得内存资源才能装入，程序执行要依靠处理器，程序在执行时需要调用子程序或者使用系统中的文件，执行过程中可能还要使用外部设备输入输出数据。

操作系统的主要部分在主储存器中，通常把这部分称为系统的内核或者核心。从资源管理的角度来看，操作系统的功能分为处理机管理、存储管理、设备管理、文件管理和作业管理五步法。常见操作系统如表 2. 1 所示。

表 2. 1　**常见操作系统**

名称	特　点	主要应用领域
Windows	单用户、多任务，不开放源代码	个人办公
Linux	多用户、多任务，开放源代码	超级计算机、服务器
Unix	多用户、多任务，支持多种处理器架构	服务器

②应用软件。

应用软件是用户利用计算机及其提供的系统软件为解决各种实际问题而编制的计算机程序。应用软件多种多样，如办公软件 Microsoft Office、图形图像处理软件 Photoshop、网络下载软件 Thunder 等。

2. Windows 7 操作系统

微软公司于 2009 年发布 Windows 7 操作系统。Windows 7 操作系统有多个版本：初级版、家庭普通版、家庭高级版、专业版、企业版和旗舰版。Windows 7 操作系统因简单易用、快速安全等诸多优点受到广大用户的喜爱。

3. 菜单

菜单是 Windows 应用程序重要的组成部分，执行任务通常选择菜单中对应选项 Windows 中常用的菜单有开始菜单、下拉菜单和快捷菜单。

(1)开始菜单。

单击桌面左下角“开始”按钮，弹出“开始”菜单，利用该菜单执行 Windows 7 的命令或启动应用程序。

(2)下拉菜单。

单击不同的选项可弹出对应的下拉菜单。例如，在“计算机”窗口中，单击“查看”菜单，弹出下拉菜单。

Windows 7 下拉菜单中常见标志的含义见表 2. 2。

表 2.2 **Windows 7 下拉菜单中常见标志的含义**

标　　志	含　　义
灰色的菜单命令	表示该命令当前不能执行
命令名后带有“……”	表示执行该命令后将出现对话框
命令后带有标记符号	表示该命令正在起作用，再次单击该命令可以取消标记符号，同时取消命令的作用
命令后带有括号的字母	表示该命令的键盘快捷方式
命令右侧的三角符号	表示该命令有下级子命令

(3)快捷菜单。

Windows 操作系统根据用户当前的工作状态来决定快捷菜单选项，因此在不同对象上单击鼠标右键弹出快捷菜单也不同。

4. 对话框

对话框在 Windows 系统中占有重要地位，是用户与计算机系统之间进行信息交流的窗口，是一种特殊形式的窗口。在对话框中用户通过对选项的选择，对系统进行对象属性的修改或设置。

对话框与窗口很相似，如都有标题栏，比窗口更简洁直观，更侧重于与用户之间的交流，一般包含标题栏、选项卡与标签文本框、列表框、命令按钮、单选按钮和复选框等部分。对话框没有“最大化”和“最小化”按钮，用户不能改变其形状和大小。常用对话框如图 2.8 所示。

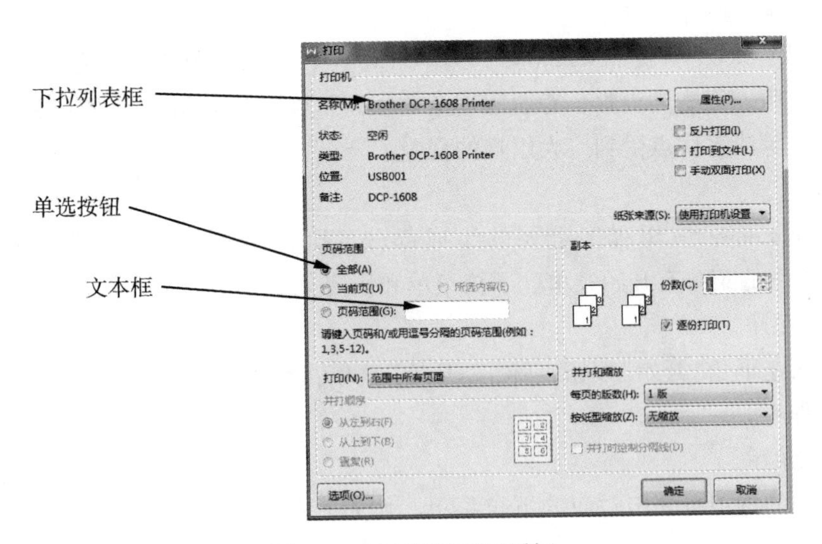

图 2.8　“打印”选项对话框

任务 2　键盘与鼠标操作

一、任务要点

1. 认识键盘布局常用键的功能。
2. 标准指法。
3. 操作鼠标。
4. 输入中文和特殊符号。

二、任务描述

李芳是文秘专业新生，她听说文字录入速度是文秘专业的基本功，为了提高技能，她特意在家练习了一段时间，不过打字速度始终在一分钟 40~50 字。来校后在老师讲解键盘与鼠标操作知识后，她掌握了提高录入速度的方法。

三、操作思路

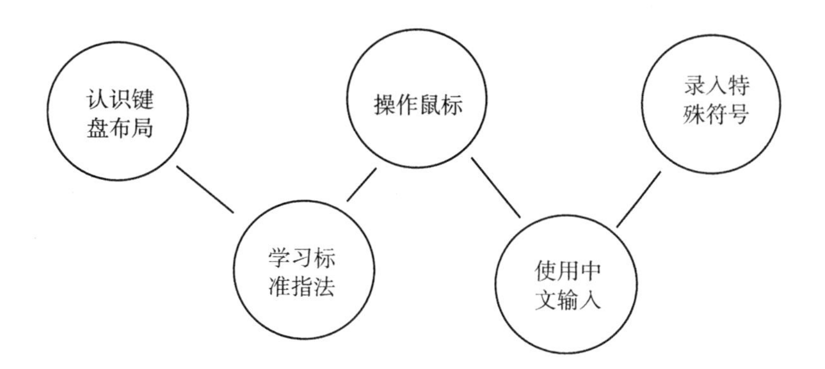

四、操作步骤

1. 认识键盘布局

在老师的讲解下，李芳知道了键盘主要分为主键盘区、功能键区、编辑控制键区、数字键区和状态指示区，看来只练习主键盘区的字母键是不够的。

(1)主键盘区。

主键盘区分为字母键、数字(符号)键和控制键。该区是我们操作键盘时使用频率最高的区域。

①字母键。A—Z 共 26 个字母键。在字母键的键面上标有大写英文字母，每个键可输入大小写两种字母。

②数字(符号)键。共 21 个键，包括数字、运算符号、标点符号和其他符号。每个键面上都有上下两种符号，也称双字符键，可以显示符号或数字。上面的一行称为上档符

号，下面的一行称为下档符号。李芳学到这里总结出了一条提高打字速度的经验：常用数字(符号)键的位置应记牢。例如，记牢录入文件时经常用到的逗号、句号、问号的位置。

③控制键。控制键共有 14 个，在这 14 个键中，Alt、Shift、Ctrl、Windows 键各有两个，对称分布在左右两边，功能相同，这样设计是为了操作方便。

(2)功能键区。

功能键区主要分布在键盘的最上面一排。功能键 F1—F12 在不同的应用软件中，能够定义不同的功能。Esc 键用来取消和放弃当前操作。

李芳学到这里总结出另一条提高打字速度的经验；灵活使用控制键、功能键、快捷键。例如：使用“Shift 键”改变英文大小写，使用“Ctrl+空格键”切换中英文输入方式等。

(3)编辑控制键区。

位于主键盘区的右边，由 13 个键组成。这些按键主要作用是实现屏幕截屏、屏幕卷动、光标移动、字符插入、删除、屏幕滚动等字符编辑工作。

(4)数字键区。

位于键盘的最右侧，又称小键盘区。该键区兼有数字键和编辑键的功能。在录入数据较多的文稿时，使用数字键区输入比使用主键盘区上的数字输入要快。

(5)状态指示区。

状态指示灯用于指示当前某些键盘区域的输入状态。各指示灯的含义如下：Num 指示灯亮，表示数字键区的数字键处于可用状态。Caps 指示灯亮，表示当前处于英文大写字母输入状态，Scroll 指示灯亮，表示屏幕滚动显示。

2. 学习标准指法

(1)基本键位。

开始打字前，把双手虚放在基本键位“A”“S”“D”“F”“J”“K”“L”“;”上，即左手食指放在字母 F 上，右手食指放在字母 J 上，其余八指并列对齐分别虚放在相邻的键位上，两个大拇指则虚放在空格键上。

(2)十指分工。

打字时手指应有所分工，从基本键位出发，击完后立即返回到基本键位。

如果你和李芳一样希望提高打字速度，可注意以下几点：使用正确的指法，练习盲打，先使用英文素材练习敲击键盘，待对键盘操作熟练后练习中文输入。练习的过程中切记使用正确指法。希望同学们能够按照要求进行练习，循序渐进提高文字录入速度。

3. 操作鼠标

(1)鼠标结构。

鼠标通常由左键、右键、滚轮和鼠标体组成。

(2)鼠标的基本操作方法。

①指向。将鼠标指针移动到某个对象上。这个动作不会选定该对象。

②单击。将鼠标指针移动到某个对象上，按下鼠标左键并立即松开，称为“单击”。单击一般用于选定某个对象，如菜单、文件或执行某个操作。

③右击。按下鼠标右键并立即松开，称为“右击”。右击可以弹出相应的快捷菜单。

④双击。将鼠标指针移动到某个对象上，然后连续按下 2 次左键，称为“双击”。双

击用于启动某个程序或打开窗口。

⑤拖动。将鼠标指针移动到某个对象上，按住鼠标左键不放，移动鼠标到目标位置后松开，称为“拖动”。一般用于将对象移动到新位置。

⑥滚轮。向上或向下滚动滚轮可以实现向上或向下翻页。一般用于网页、文档或文件较多的文件夹的翻页。

(3)鼠标的指针形状在不同的操作状态下是不同的。

4. 使用中文输入法

(1)选择中文输入法。

单击 Windows 桌面任务栏右侧的语言栏，将弹出输入法菜单。

(2)设置中文输入法状态栏。

中文输入法默认为中文、半角和中文标点状态，可以通过鼠标和键盘进行设置。

①用鼠标设置。单击输入法指示器对应的按钮进行命令切换。

②用键盘设置。用键盘设置的方法见表 2.3。

表 2.3　**用键盘设置中文输入法状态栏的方法**

快捷键	功　能
Ctrl+空格	在汉字输入法与英文输入法之间切换
Shift+空格	在全角与半角之间切换
Ctrl+.	在中文标点符号与英文标点符号间切换

5. 录入特殊符号

在中文输入法状态下，可以输入各种中文标点符号以及常用的汉字符号。符号与键盘键位的对应关系见表 2.4。

表 2.4　**中文标点符号表**

名称	中文符号	对应键	名称	中文符号	对应键	名称	中文符号	对应键
顿号	、	\	双引号	“”	“”	右括号	）	)
分号	；	;	单引号	‘’	‘’	左书名号	《	<
冒号	：	:	感叹号	！	!	右书名号	》	>
逗号	，	,	破折号	——	-	人民币符号	￥	$
问号	？	?	省略号	……	^			
句号	。	.	左括号	（	(			

五、相关知识

人们在使用计算机的过程中，需要录入信息，这些信息以何种形式存储在计算机中？

下面将介绍常用输入法和计算机中信息表示方法。

1. 常用输入法

(1)全拼输入法。

全拼输入法在输入汉字时需要输入汉字的全部拼音(包含声母和韵母，通常不包括音调)。由于击键次数比其他输入法多，因此输入效率较低，主要是初学者练习打字时使用。

(2)搜狗输入法。

搜狗输入法用户可以通过网络备份自己的个性化词库和配置信息，此输入法具有联想功能，支持混拼和简拼输入。联想功能的设置方法如下：①右击搜狗拼音输入法图标，选择"设置属性"命令。②单击"高级"选项。③勾选"词语联想"复选框。④单击"确定"按钮。

2. 计算机中信息的表示方法

目前计算机的基本元件是超大规模集成电路。不管集成电路如何发展，它无不是把成千上万的晶体管制作到一小片半导体芯片上。

对晶体管来说，有两种稳定的状态：导通和截止。计算机就是利用晶体管的这个特性来进行运算的。而这两种状态分别可以表示数据"0"和"1"，所以在计算机中采用二制数来表示信息，最直接也最方便。

(1)计算机中信息的计量单位。

存储器像一栋"教学大楼"，由许多单元组成。一个个单元就像一间间"教室"，每个单元由若干个位组成，位就像教室里的"座位"。每个位可存放一个二进制数 0 或 1 这就像教室里的每一个座位可坐一个男生或一个女生。

①位。位(bit，比特)用于存放一个二进制数 0 或 1，它是存储信息的最小计量单位，通常用其小写首字母"b"表示。

②字节。位作为计量存储器的容量的单位太小了，人们把 8 个二进制位称为一个"字节"(Byte)，用其大写首字母"B"表示。字节是度量存储器容量的常用单位。有时人们还用更大的度量单位，如千字节(KB)，兆字节(MB)、吉字节(GB)和太字节(TB)等。各种度量单位之间的关系如下：

l KB=1024 B

1 MB=1 024 KB

1 GB=1 024 MB

I TB=1024 GB

(2)数制。

数制即表示数的方法，按进位的原则进行计数的数制称为进位数制，简称"进制"。对于任何进位数制，都有以下几个基本特点：

①每一进制都有固定数目的记数符号(数码)。在进制中允许选用基本数码的个数称为基数。例如：十进制的基数为 10，有 10 个数码 0~9；二进制的基数为 2，有 2 个数码 0 和 1；八进制的基数是 8，有 8 个数码 0~7；十六进制的基数为 16，有 16 个数码 0~9 及 A~F。

②逢 N 进一。例如，十进制中逢 10 进 1，二进制中逢 2 进 1，八进制中逢 8 进一，十六进制中逢 16 进 1。

③采用位权表示法。一个数码在不同位置上所代表的值不同，如数码 3，在个位数上表示 3，在十位数上表示 30，而在百位数上则表示 300。这里的个(10)、十(10)、百(10)等称为位权。位权的大小以基数为底，数码所在位置的序号为指数的整数次幂。一个进制数可按位权展开成一个多项式，例如：

$$2345.78=2\times10^{3}+3\times10^{2}+4\times10^{1}+5\times10^{0}+7\times10^{-1}+8\times10^{-2}$$

为了区分这几种进制数，规定在数字的后面加字母 D 表示十进制数，加字母 B 表示二进制数，加字母 0 表示八进制数，加字母 H 表示十六进制数，十进制数可以省略不加。

例如，11D 或 11 都表示是十进制数，11B 表示二进制数，11O 表示八进制数，11H 表示十六进制数。也可以用基数作下标表示，如：$(10)_{10}$或 10 表示十进制数，$(10)_2$ 表示二进制数，$(10)_8$ 表示八进制数，$(10)_{16}$表示十六进制数。

(3)十进制数与二进制数之间的转换。

计算机内部采用二进制数工作，而人们日常生活中使用的是十进制数，因此，要使用计算机处理十进制数，必须先把它转换成二进制数才能为计算机所接受。计算结果也应从二进制数转换成十进制数，以便人们阅读。这就产生了不同数制之间的转换问题。

①十进制数转换成二进制数。十进制数转换成二进制数，分两种情况进行：整数部分和小数部分。具体规则如下：

整数部分：除以 2 取余，直到商为 0。先取的余数在低位，后取的余数在高位。

小数部分；乘以 2 取整，取其整数部分(0 或 1)作为二进制小数部分，取其小数部分再乘以 2，直到值为 0 或达到精度要求。先取的整数在高位，后取的整数在低位。

②二进制数转换成十进制数。二进制数转换成十进制数，只需以 2 为基数，按权用展开求和即可。用公式表示如下。

整数部分：

$$(D_nD_{n-1}\cdots D_3D_2D_1)_2=D_n\times2^{n-1}+D_{n-1}\times2^{n-2}+\cdots+D_3\times2^2+D_2\times2^1+D_1\times2^0$$

其中，$D_n=0$ 或 1，n 为 0 或 1 所在二进制数中的位数。

小数部分：

$$(D_1D_2\cdots D_{n-1}D_n)_2=D_1\times2^{-1}+D_2\times2^{-2}+\cdots+D_{n-1}\times2^{-(n-1)}+D_n\times2^{-n}$$

其中，$D_n=0$ 或 1，n 为 0 或 1 所在二进制数中的位数。

(4)数据与编码。

计算机处理信息时，除了处理数值信息外，更多的是处理非数值信息。非数值信息是指字符、文字、图形等形式的数据，它不表示数量大小，只代表一种符号，所以又称符号数据。

从键盘向计算机中输入的各种操作命令及原始数据都是字符形式的。然而计算机只能存储二进制数，这就需要对符号数据进行编码，输入的各种字符由计算机自动转换成二进制编码存入计算机。

① ASCI I 码。ASCII 码是美国标准信息交换码(American Standard Code for Infomation Interchange)，它已被世界公认，并成为在世界范围内通用的字符编码标准。

ASCII由7位二进制数组成，因此定义了128种符号，其中有32种是起控制作用的“功能码”，其余96种为数字、大小写英文字母和专用符号的编码。例如，字母A的ASCII码为1000001，加号“+”的ASC II为0101011等。

虽然ASC II码只用了7位二进制代码，但由于计算机的基本存储单位是一个包含8位二进制的字节，所以每个ASC II码也用一个字节表示，最高二进制位为0。

②国家标准汉字编码。国家标准汉字编码简称国标码。该编码集的全称是“信息交换汉字编码字符集——基本集”，该编码的主要用途是作为汉字信息交换码使用。

国标码集中收录了7445个汉字及符号。其中：一级常用汉字3755个，汉字的排列顺序为拼音字母顺序；二级常用汉字3008个，排列顺序为偏旁部首顺序；另外还收集了682个图形符号。一般情况下，该编码集中的两级汉字和符号已足够使用。

国标码规定：一个汉字用两个字节来表示，每个字节只用7位，最高位均未作定义。

为了方便书写，常常用4位十六进制来表示一个汉字。

③内码与外码。

国标码是一种机器内部编码，也称内码。内码的存在使得用户可以根据自己的习惯使用不同的输入法编码(外码)而不影响不同系统之间的汉字信息交换。

任务3　文件和文件夹管理

一、任务要点

1. 新建、重命名、删除、移动、复制、搜索和压缩文件或文件夹。
2. 查看和设置文件或文件夹的属性。

二、任务描述

张静喜欢古诗文，经常在网上下载一些古诗文的资料。由于只顾下载，没有及时整理，查阅资料很费劲，于是她利用文件夹树形结构对资料进行了一次调整。

三、操作思路

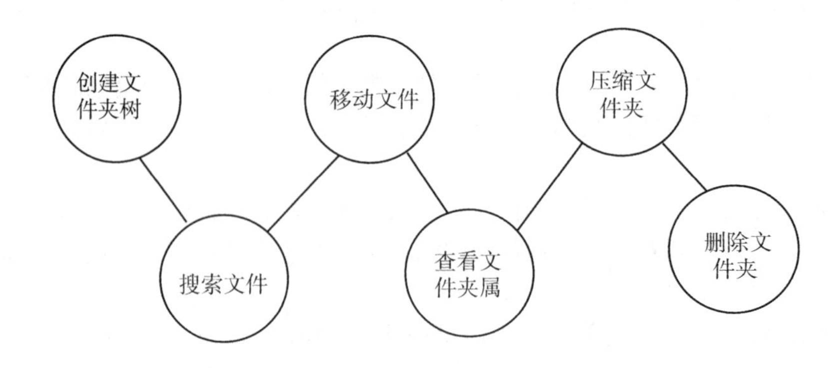

四、操作步骤

1. 创建文件夹树

(1)打开窗口。

双击桌面上图标，打开“计算机”窗口。

(2)新建文件夹。

①单击导航窗格中的“计算机”图标。②在展开的计算机中，选择本地磁盘(E:)。③在右边工作区右击空白区，在快捷菜单中选择【新建】/【文件夹】。

(3)重命名文件夹。

①右击新建文件夹。②在快捷菜单中选择“重命名”命令。③将文件夹名改为“古诗文”。

(4)新建子文件夹。

使用“新建文件夹”的操作方法在本地磁盘(E:)中选择“古诗文”文件夹，在右边工作区中新建 3 个文件夹并改名为“魏晋”“唐代”和“宋代”。

(5)新建下一级文件夹。

使用上述操作方法在“宋代”文件夹中新建“苏轼”和“王安石”子文件夹，在“唐代”文件夹中新建“李白”“白居易”和“柳宗元”子文件夹，在“魏晋”文件夹中新建“陶渊明”和“王羲之”子文件夹，得到文件夹树。

2. 搜索文件

①将资料库中的“下载”文件夹(资料库/项目二/任务 3/“下载”文件夹)复制粘贴到 E 盘根目录下。②在“下载”文件夹的搜索栏中输入“将进酒 . txt”，在工作区中就会显示搜索结果。

3. 移动文件

(1)移动文件“将进酒 . txt”。

①单击“将进酒 . txt”文件。②选择【编辑】/【剪切】命令。③在导航窗格中选择“古诗文/唐代/李白”文件夹。④选择【编辑】/【粘贴】命令。

(2)移动其他文件。

使用上述操作方法在“下载”文件夹中搜索诗文并移动到对应的文件夹中。

4. 查看文件夹属性

①在导航窗格中右击“古诗文”文件夹。②在弹出的快捷菜单中选择“属性”命令，弹出“属性”对话框。

5. 压缩文件夹

①在导航窗格中右击“古诗文”文件夹。②在弹出的快捷菜单中选择命令。③在“压缩文件名和参数”对话框中单击“确定”按钮。

6. 删除文件夹

右击“古诗文”文件夹，选择“删除”命令。在弹出的对话框中单击按钮。

五、相关知识

本部分介绍文件和文件夹、浏览文件和文件夹的方式、设置文件夹选项和剪切板。

1. 文件和文件夹

文件是记录在存储介质上的一组相关信息的集合，是 Windows 中最基本的存储单位。在计算机中，文件来是用来协助人们管理一组相关文件的集合。下面介绍文件和文件名、浏览文件和文件夹的方式、设置文件夹选项和剪贴板等知识。

(1)文件与文件名。

文件是一组有名称的相关信息的集合。在操作系统中，各种数据是以文件的形式存储的。每个文件有一个文件名，系统通过文件名对文件进行管理。文件名全称文件名称，由文件基本名和扩展名两部分构成，它们之间由小数点分割，格式如下：[文件基本名].[扩展名]。

①文件基本名。

文件基本名是文件的主要标记。文件基本名的命名规则如下：

a. 文件名的长度可以由 1~255 个字符组成。

b. 文件名可以由汉字、数字、英文字母、空格等符号组成。

c. 不能用在文件名中的字符有\ /〈〉：“”？ *、1 等。

d. 同一位置中不能有同名(文件基本名和文件扩展名完全相同)的文件。

e. 文件名中可以使用多个分隔符“.”，文件名中可以使用空格符。

②文件扩展名。

文件扩展名表示文件类型。

(2)文件夹。

文件夹用于存储文件，除此之外，还可以存储文件夹，称为“子文件夹”。文件夹命名与文件命名要求相同。

(3)文件夹树形结构。

Windows 中的文件、文件夹的组织结构是树形结构，即一个文件夹中包含多个文件和文件夹，但一个文件或文件夹只属于一个文件夹。文件夹树形结构也可称为文件夹树。

2. 浏览文件和文件夹的方式

Windows7 浏览文件和文件夹的方式有 8 种。通过“查看”菜单选择以小图标显示文件及文件夹，但这种方式列出了每个文件及文件夹的详细信息，包括文件的类型、大小和修改日期等。

(1)超大图标、大图标、中等图标、小图标。

以更小的图标的形式显示文件和文件夹，适合查看图片文件。

(2)列表。

以更小的图标显示文件与文件夹，以便能够在固定大小的窗口中尽可能多的显示文件与文件夹。

(3)详细信息。

以小图标显示文件及文件夹，但这种方式列出每个文件及文件夹的详细信息，包括文件的类型、大小和修改日期等。

(4)平铺。

以大图标方式显示文件及文件夹，以便更好地查看文件或文件夹。

(5)内容。

将文件图标、名称、类型、大小和日期等信息分为几列显示，便于用户识别。

3. 设置文件夹选项

选择【工具】/【文件夹选项】命令，打开“文件夹选项”对话框。在对话框中勾选“隐藏已知文件类型的扩展名”复选框，计算机窗口中将隐藏文件的扩展名。如果要在计算机窗口中查看文件的扩展名，可在文件夹选项对话框中去除该复选框的选择。对于已设有隐藏属性的文件或文件夹，如果想将文件隐藏起来，防止别人查看，可在文件夹选项对话框中选择“隐藏文件和文件夹”下的“不显示隐藏的文件、文件夹或驱动器”单选按钮。

4. 剪贴板

(1)概念。

剪贴板是内存中用来临时存放数据的一块区域，使得各种应用程序之间传递和共享信息成为可能。但是，剪贴板只能保留一份数据每当新的数据传入，旧的便会被覆盖。

(2)应用。

①移动或复制文件(文件夹)。见本任务操作步骤“移动文件”内容。

②移动或复制数据。首先选择要移动或复制的数据，然后选择剪切或复制命令，数据即存储剪贴板上，最后选择数据要存放的位置，选择粘贴命令完成数据的移动或复制。

③复制活动窗口或屏幕图像。按下“Alt+PrintScreen”键即可将一个活动的窗口图像复制到剪贴板上，按 PrintScreen 键则复制整个屏幕的图像。

任务 4　系统环境设置

一、任务要点

1. 设置桌面环境、鼠标、键盘、字体、输入法、日期和时间。
2. 安装和卸载常用应用程序。

二、任务描述

陈阳是物流专业的一名学生，常常使用计算机完成老师布置的电子商务作业。最近，他对一成不变的桌面背景、窗口外观以及鼠标形状产生了审美疲劳，他决定对这些效果进行重新设置。

三、操作思路

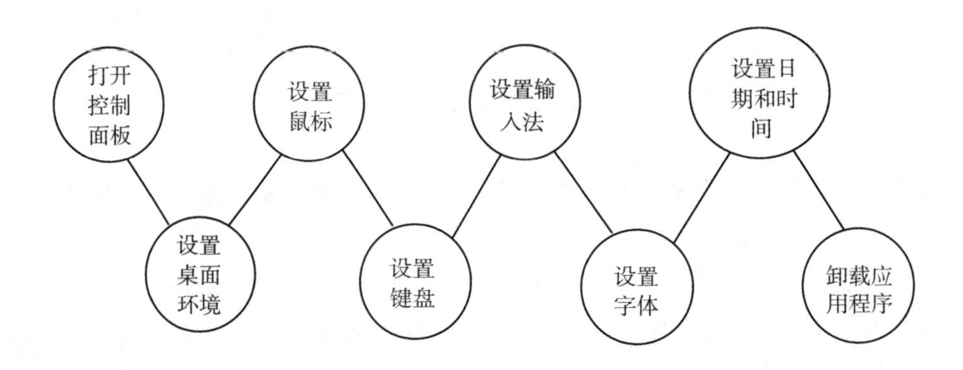

四、操作步骤

1. 打开控制面板

单击【开始】/【控制面板】命令，弹出控制面板窗口，如图 2.9 所示。

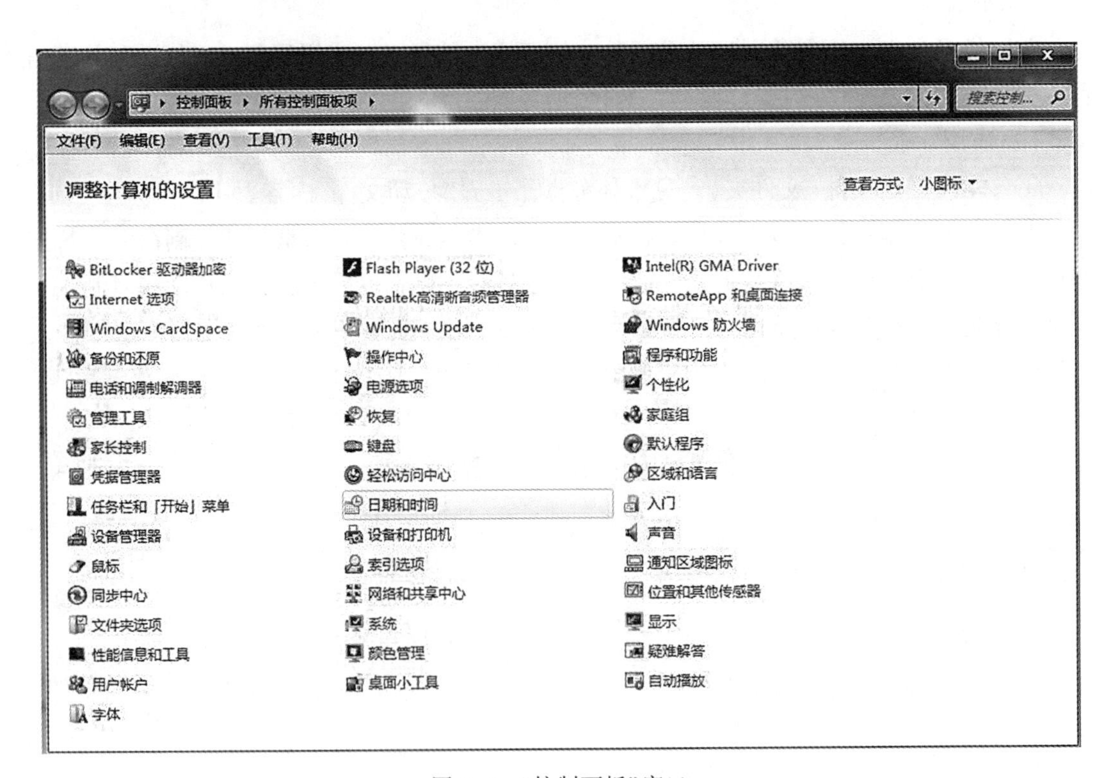

图 2.9 “控制面板”窗口

2. 设置桌面环境

(1)设置主题。

①在控制面板窗口中单击“外观和个性化”类别中的“更改主题”命令。②在弹出“个性化”窗口中选择“风景”类。操作步骤如图 2. 10 所示。

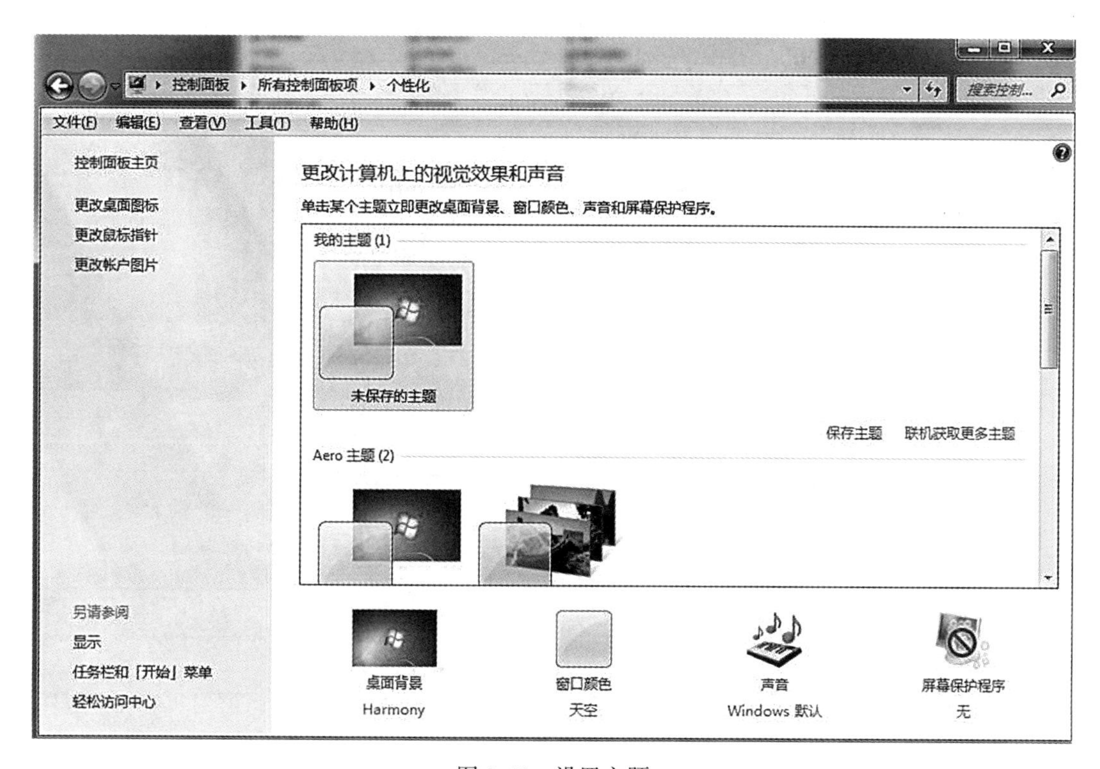

图 2. 10　设置主题

(2)设置桌面背景。

①单击“外观和个性化”类别中的“更改桌面背景”命令。②在选择桌面背景窗口中选择“图片位置(L):”为“Windows 桌面背景”。③在风景类中选择第一张图片“img7. jpg”。④在选择桌面背景窗口下方的“图片位置(P):”中选择背景图片的填充方式为“适应”。⑤单击“保存修改”按钮。

3. 设置鼠标

(1)选择“硬件和声音”类别。

在控制面板窗口中单击“硬件和声音”类别。

(2)选择“鼠标”选项。

在“设备和打印机”类中选择“鼠标”选项。

(3)设置指针形状。

①选择“指针”选项卡。②单击“浏览”按钮。③在名称列表框中选择形状。④单击“打开”按钮。操作面板如图 2. 11 所示。

(4)设置指针轨迹。

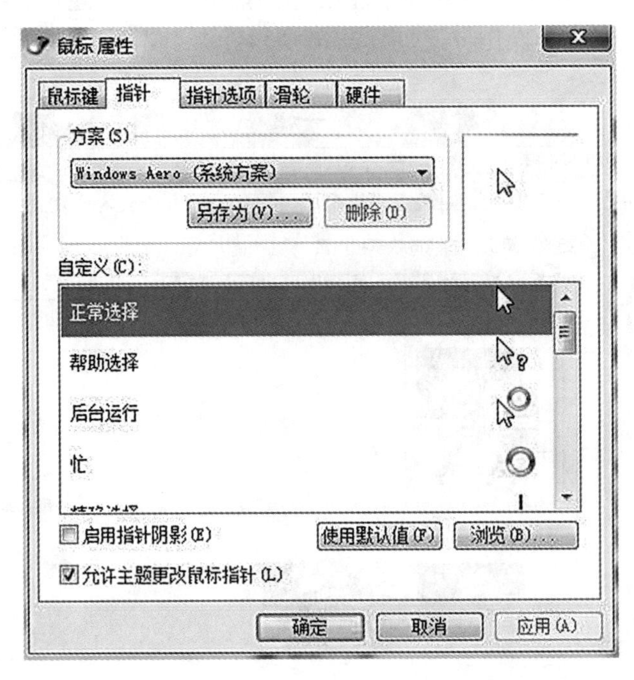

图 2.11　设置指针形状

①选择“指针选项”选项卡。②勾选“显示指针轨迹”前复选框。③单击“确定”按钮。操作面板如图 2.12 所示。

图 2.12　设置指针轨迹

4. 设置键盘

①更改控制面板为“小图标”方式查看。②单击“键盘”图标。③拖动“光标闪烁速度”滑块至中间位置，单击“确定”按钮。

5. 设置输入法

(1)选择“更改键盘”对话框。

①单击控制面板中区域和语言图标。②选择“键盘和语言”选项卡。③单击命令。

(2)添加输入法。

①单击“添加”命令。②在“添加输入语言”对话框下拉列表中选择“搜狗”输入法。③单击“确定”按钮。操作面板如图 2.13 所示。

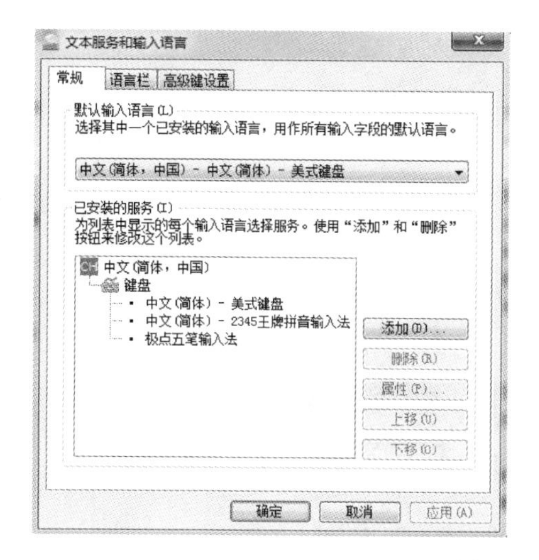

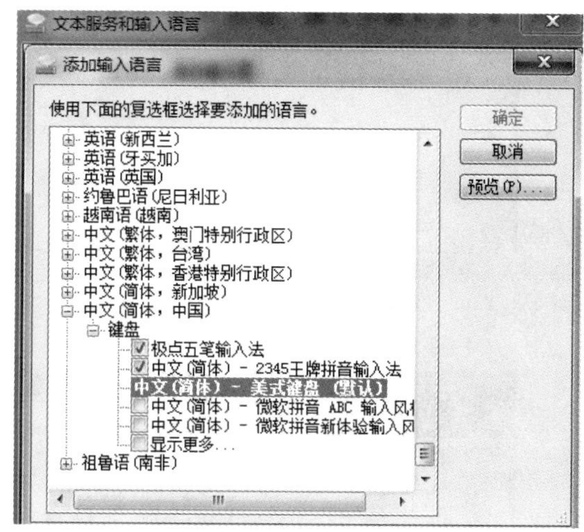

图 2.13　添加输入法

(3)删除输入法。

①“文本服务和输入语言”对话框“常规”选项卡中选择“简体中文郑码”输入法。②单击“删除”命令。③单击“确定”按钮。

6. 设置字体

(1)选择“字体设置”选项。

①单击控制面板中图标。②选择“字体设置”选项。

(2)安装字体。

①勾选“允许使用快捷方式安装字体”复选框。②单击“确定”按钮。③右击 MINGLILO. TTC 字体文件，在快捷方式中选择“作为快捷方式安装”命令。操作面板如图 2.14 所示。

(3)更改字体大小。

①选择“更改字体大小”选项。②选择。③单击“应用”按钮。

操作面板如图 2.15 所示。

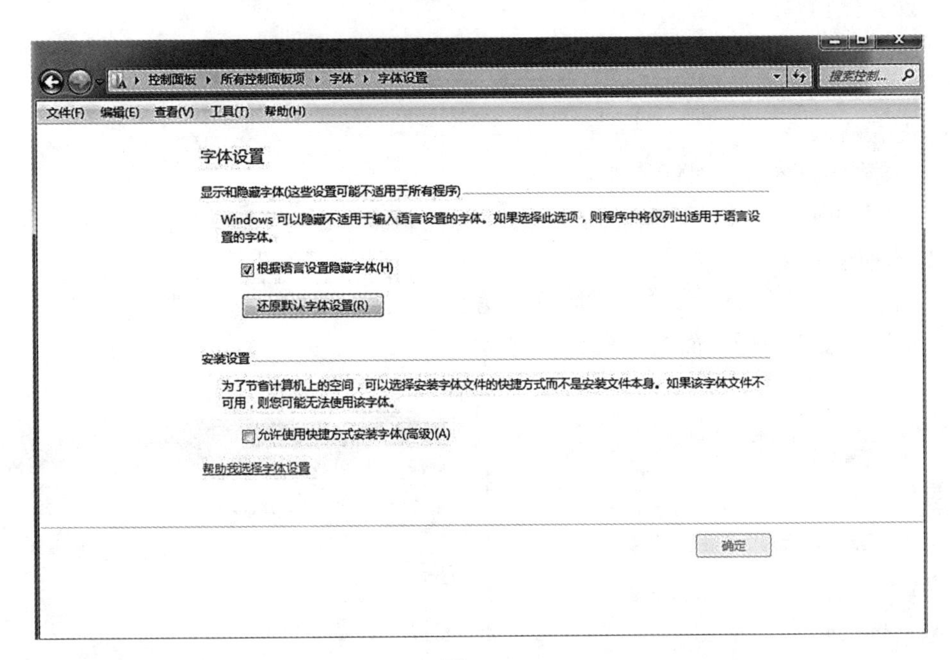

图 2.14

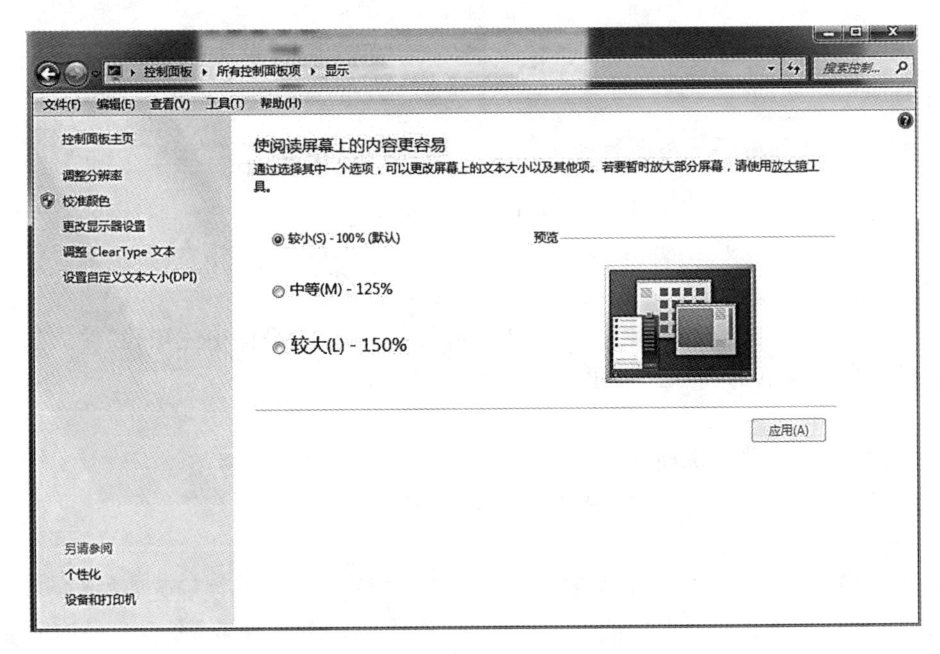

图 2.15

7. 设置日期和时间

单击控制面板中日期和时间图标。设置与 Intermet 同步。①选择“Intermet 时间”选项卡。②单击“更改设置”命令。③勾选“与 Intemet 时间服务器同步”复选框。④单击“确定”

按钮。操作面板如图 2.16 所示。

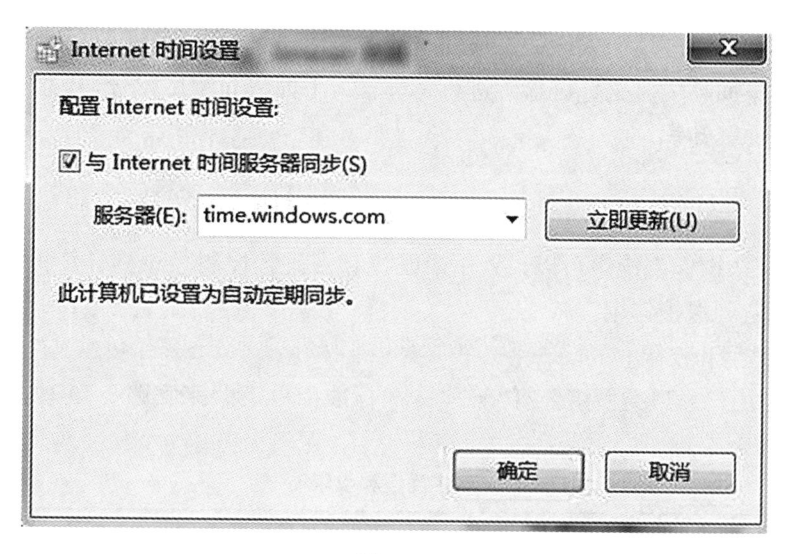

图 2.16

8. 卸载应用程序

单击控制面板中的图标。①在程序列表中选择“腾讯 QQ”。②单击“卸载”命令。操作面板如图 2.17 所示。

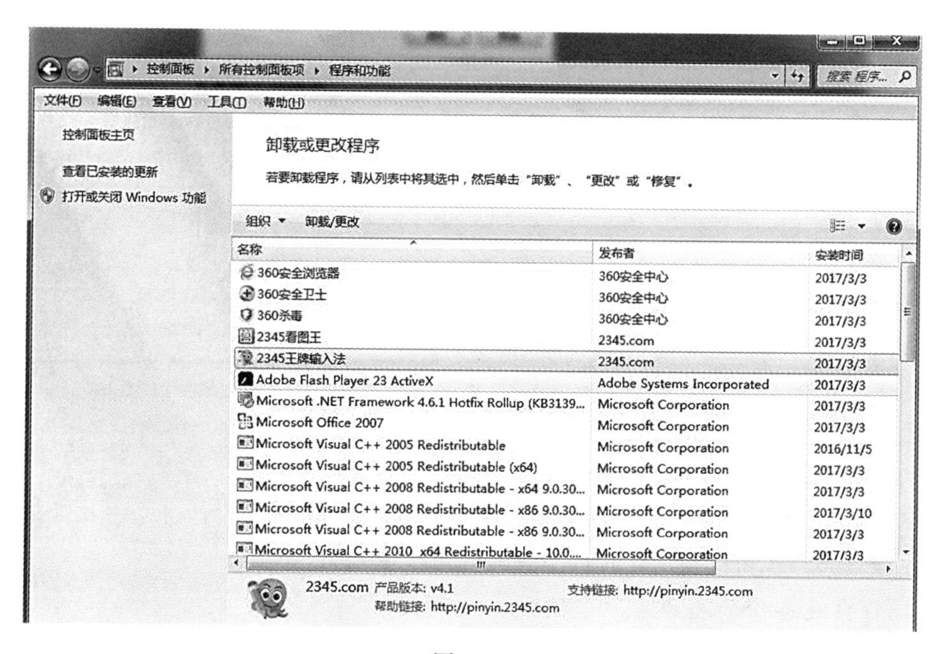

图 2.17

五、相关知识

舒适便捷的系统环境给人们的工作和生活提供了温馨的氛围、贴心的服务。任务中通过控制面板对桌面环境、鼠标键盘等进行了设置；下面将介绍用户管理、安装程序、操作系统备份和还原等知识。

1. 用户管理

(1)功能。

在 Windows7 操作系统中可以设置用户账户和密码，控制登录到计算机上的用户，对计算机的安全起到保护作用。

(2)账户类型和权限。

Windows7 用户账户类型主要有“管理员”“标准用户”和“来宾账户”3 种(见表 2.5)。

表 2.5 **账户类型和权限**

管理员	拥有计算机上最大的控制权限。可以改变系统设置、安装和删除程序、访问计算机上所有的文件
标准用户	受到一定限制的账户。该账户可以访问已经安装在计算机上的程序，可以设置自己账户的图片、密码等，但无权更改计算机中多数设置
来宾账户	对计算机上没有账户的人可以临时使用计算机。来宾账户仅有最低的权限，没有密码，无法对系统做任何修改，只能查看计算机的资料

(3)添加用户账户。

①单击控制面板中的图标。②单击“管理其他账户”命令。③单击“创建一个新账户”命令。④输入账户名称“chenyang”，选择“标准用户”类型，单击“创建账户”按钮。⑤单击创建的用户账户，在弹出的对话框可以对该用户进行设置密码、更改图片和账户类型等操作。

2. 安装程序

(1)从硬盘、U 盘和局域网安装应用程序。

找到应用程序的安装文件(安装文件名通常是 setup. exe 或 install. exe)，双击安装文件，按照安装向导的提示完成安装。

(2)从 Internet 安装应用程序。

在 Web 浏览器中，单击应用程序的链接，选择“打开”或“运行”命令，按照安装向导的提示完成安装。也可以将应用程序下载到计算机中安装。

3. 操作系统备份和还原

(1)作用。

对于多数人来说，操作系统的备份和还原比较复杂，需要使用专业软件来完成。Windows7 自带的系统备份与还原功能可以在计算机出现问题时帮助人们把系统恢复到正常状态。

(2)操作方法。

①控制面板在“大图标”或者“小图标”查看方式下，单击图标。②在“备份或还原”窗口中，点击命令。③设置存放备份文件的位置和选择希望备份的内容。④单击在线配置进行备份的按钮。⑤备份系统后，打开“备份或还原”窗口，单击底部“还原我的文件”。⑥重启计算机，即可完成系统还原。

课 后 习 题

任务 1　认识操作系统

一、基础实训

1. 桌面操作

(1)将桌面图标按“大小”进行排列。

(2)在桌面上创建“记事本”程序的快捷方式。

(3)在桌面上新建一个名为“Windows 7”的文本文档。

2. 设置任务栏

(1)将任务栏设置为自动隐藏。

(2)用鼠标调整任务栏的高度。

(3)将任务栏移至屏幕的右侧。

3. 窗口操作

(1)打开“计算机”窗口，练习移动、最小化、最大化、关闭窗口，尝试改变窗口宽度和高度。

(2)同时打开“计算机”和“回收站”窗口，分析哪一个是当前窗口，练习切换当前窗口、并排显示窗口。

二、进阶实训

请同学们提前熟悉一下将要学到的软件(见表 1)

表 1　**软件名称及功能**

软件类型	软件名称	功　能
文字处理	Word	文字录入、编辑、排版和打印等
数据处理	Excel	数据编辑、数据运算、创建图表和组织列表等
演示文稿处理	PPT	幻灯片设计和制作

续表

软件类型	软件名称	功　　能
多媒体处理	Photoshop	专业图像画质及效果处理
	光影魔术手	一般图像画质及效果处理
	GoldWave	声音编辑、播放、录制
	爱编辑	视频剪辑和制作
	格式工厂	视频、音频和图像等格式转换
	WinRAR	创建和管理压缩文件
	Apowersoft	录制、编辑和分享录屏

任务 2　键盘与鼠标操作

一、基础实训

在文本文件中进行文字录入练习，看看录完需要多少时间。

The Capital of China—Beijing

Located in northern China, Beijing is the capital of China. Now, it has become one of the most popular tourist destinations in the word. Beijing is well-known for its Forbidden City, the Great Wall, Tiananmen Square and the Summer Palace. The Forbidden City is one of the "Eight Wonders of the World". The Tiananmen Square is the largest central city square in the world. The Summer Palace is the largest royal park in China, and it also has been known as "The Museum of Royal Gardens". In addition to the historical sites, Beijing also has modern scenie spots, such as the National Stadium and the National Aquatics Center for 2008 Olympics.

中国首都——北京

北京，位于华北地区，是中国的首都，现在已经成为世界上最受欢迎的旅游目的地之一。北京以紫禁城、长城、天安门广场和颐和园而闻名于世。紫禁城是世界上最大、保存最完整的皇宫。长城是“世界八大奇迹之一”。天安门广场是世界上最大的城中广场。颐和园是中国最大的皇家花园，它被誉为“皇家花园博物馆”。除了历史遗迹外，北京还拥有现代的景点，如 2008 年奥运会使用过的国家体育场和国家游泳中心。

二、进阶实训

打开金山打字通官方网站 http：//typeeasy. kingsoft. com，下载安装后，请同学们分别进行中、英文打字比赛，看看谁会成为冠军。

任务 3　文件和文件夹管理

一、基础实训

1. 打开“计算机”窗口。
2. 建立如图 1 所示的“学校”文件夹树。

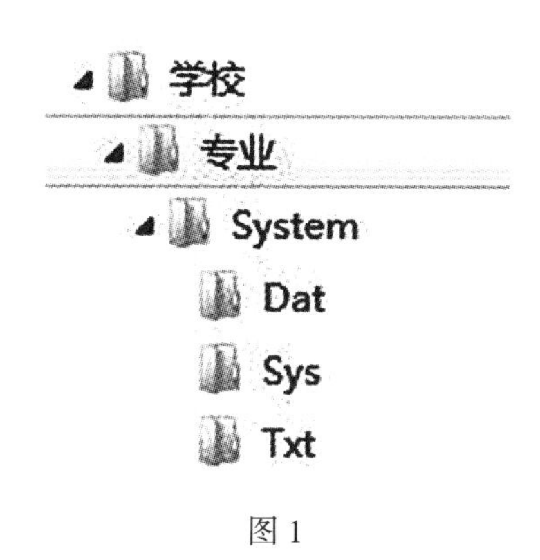

图 1

3. 查找“C：\ Windows \ System32”文件夹中所有扩展名为 Txt 的文件。
4. 将搜索出的文件全部复制到“Txt”文件夹中。
5. 将“Txt”文件夹中所有文件压缩成“Txt”压缩包。
6. “Txt”文件夹中所有文件设置为“隐藏”属性。

二、进阶实训

1. 取消“Txt”文件夹中所有文件的“隐藏”属性。
2. 将“Txt”文件夹中修改时间最近的 6 个文件移动到“Dat”文件夹中，并将它们的扩展名均改为 dat。
3. 删除“Txt”文件夹中除了压缩包外的所有文件。
4. 查找“C：\ Windows \ System32”文件夹中文件大小不超过 10KB 且扩展名为 sys 的文件，将其复制到“Sys”文件夹中。

任务 4　系统环境设置

一、基础实训

1. 将桌面主题设置成“人物”风格。
2. 将桌面背景设置成中国类的“CN-wp2. jpg”墙纸。
3. 将当前鼠标指针样式设置成 形状，并且显示“指针踪迹”。
4. 设置光标闪烁频率为“无”。
5. 安装“思源黑体”字体文件。
6. 添加“中文全拼”输入法。

7. 查看 2008 年 8 月 8 日是星期几。

8. 查看我的计算机中安装了哪些应用软件。

二、进阶实训

1. 在计算机中创建一个账户。

(1)账户名：自己姓名拼音。

(2)类型：标准用户。

(3)密码和图片：自定义。

2. 尝试利用 Windows 7 自带的“备份或还原”功能备份计算机系统并恢复。

第 3 章　使用 Word 2010 编辑文档

任务 1　文档的创建与编辑

一、任务要点

1. 软件界面介绍。
2. 文件保存、查阅、复制和删除。
3. 文本录入、编辑与修改。
4. 查找与替换操作。

二、任务描述

为了迎接入校新生，班主任王笑老师利用 Word 2010 写了一封欢迎信。在分发给同学之前，王老师对欢迎信进行了编辑，插入了特殊符号，替换了个别文字，更改了字体格式。这次编辑使用 Word 2010 的录入、查找和替换、调节字体等功能便能完成，刚刚接触 Word 2010 的同学也能完成得很好。欢迎信如下所示：

致同学们的一封信

亲爱的新同学：

正值收获的金秋，我们学校真诚地欢迎你们加入这个大家庭！

我们始终相信“人人都能成才”，在这里你们将成为追求工匠精神的技能人才，成为中国宏伟蓝图的建设者。我们要找到每一个人的支点，撬起无限的潜能。

成才之路，从量看是漫长而艰苦的，但我们可以让质变得快乐而幸福。幸福的获得不在于起点的高低，而在于学会享受过程。在开学之际，我们的期待和你们一同出发，燥热的夏季已经过去，怡人的秋日悄然而至。亲爱的各位同学，属于你们自己的生活已经开始，希望你们时刻准备着，再次扬帆远航！

咱们班教室在 303，班主任办公室在办公楼 212。

班主任电话为：15800000000

请各位同学认真阅读《学生手册》《作息时间表》以及《课程表》，请大家按照课程表上的时间准时上课，不能迟到早退。

你们的班主任 王笑

9 月 1 日

三、操作思路

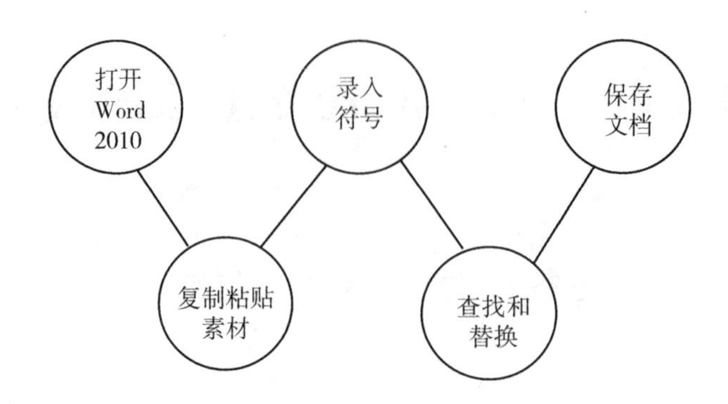

四、操作步骤

1. 打开 Word 2010

双击桌面“Word 2010”快捷图标“”即可打开并新建一个 Word 2010 文档。

2. 复制粘贴素材

打开文件：资料库/项目四/任务 1/课堂案例/课堂案例 . docx，将该文档中的内容复制到新建 Word 文档中。

3. 录入符号

将插入点定位到需要录入符号的位置，分别录入符号(见图 4. 1) 。

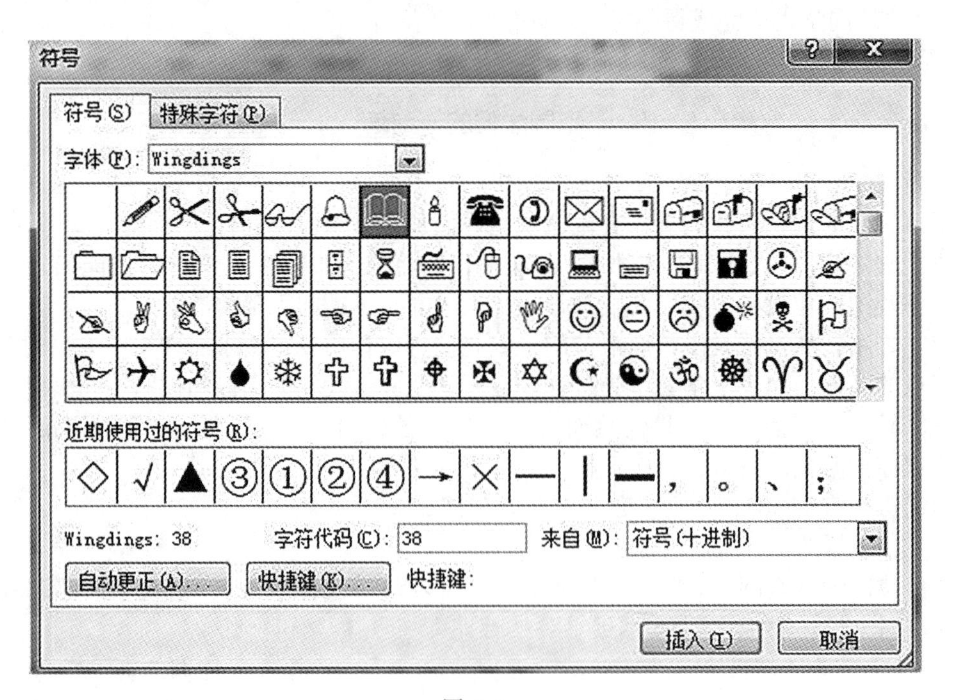

图 4. 1

4. 查找和替换

使用“查找和替换”功能，可以很方便地找到文档中的文本、符号或格式，也可以对这些内容进行替换。

王老师想搜索“咱们”这个词。

(1)查找。

①切换到“开始”选项卡。②在“开始”选项卡中单击【编辑】命令组，并在其下拉菜单中选择“查找”命令，打开文档文档左侧的【导航】面板。③在【导航】面板中的文本框中输入要搜索的文本“咱们”并回车。操作步骤如图 4.2 所示。④再次回车找到另一处“咱们”一词。

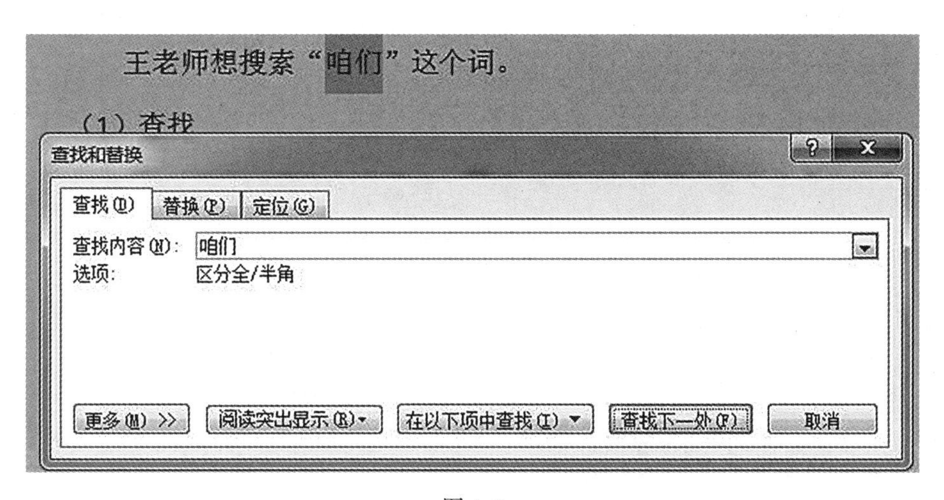

图 4.2

(2)替换。

在阅读“咱们”所在位置的上下文后，感觉使用“我们”更合适，因此需要把文档中的“咱们”统一替换成“我们”。

①选择“替换”命令，打开“查找和替换”对话框。②单击“替换”命令按钮。③在“查找内容”文本框中输入“咱”。④在“替换为”文本框中输入“我”。⑤单击【全部替换】命令按钮完成替换。操作步骤如图 4.3 所示。

王老师想将班级、办公楼牌号和自己的联系方式突出显示出来，这需要将所有数字的格式设置为“红色、加粗”。这种带格式的替换操作可以用替换对话框中的“特殊格式”完成。

①在“查找和替换”对话框中单击“替换”命令。②在“查找内容”后的文本框内单击空白处。③单击“更多(M)”按钮，隐藏对话框。④单击“特殊格式”按钮。⑤在弹出的下拉菜单中单击“任意数字”。⑥在“替换为”文本框内单击。⑦单击“格式”按钮。⑧在弹出的下拉菜单中单击“字体”命令，弹出“替换字体”对话框。⑨在弹出的对话框中设置“字体颜色”为“红色”。⑩在“字形”命令中选择“加粗”。⑪单击“确定”按钮。⑫在“查找和替换”对话框中单击“全部替换”按钮完成替换。

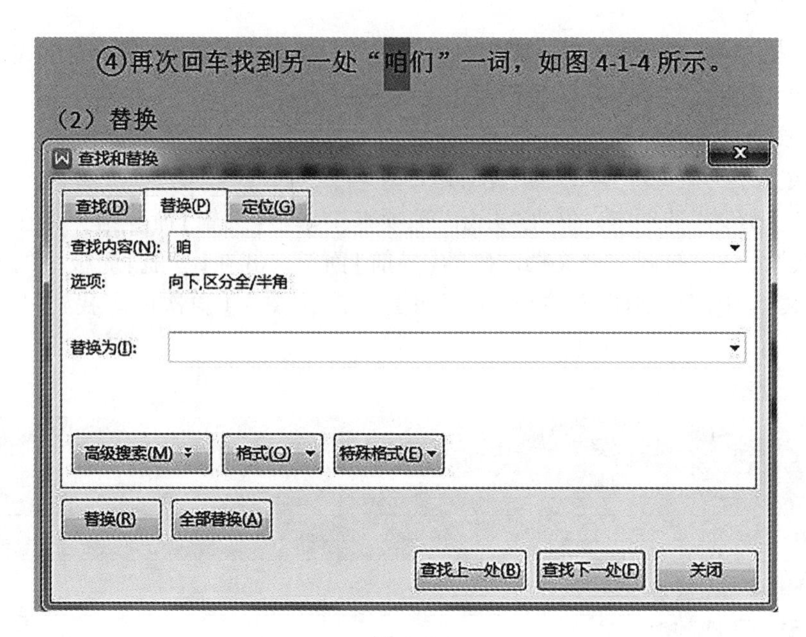

图 4.3

5. 保存文档

文档设置完成后，需要保存为"致同学们的一封信 . docx"。

①单击"文件"选项卡。②选择"保存"命令，第一次保存文档时，弹出"另存为"对话框。③在"保存位置"中选择文档所存放的位置。④在"文件名"框中输入文件名"致同学们的一封信"。⑤单击"保存"按钮完成保存。操作步骤如图 4. 4 所示。

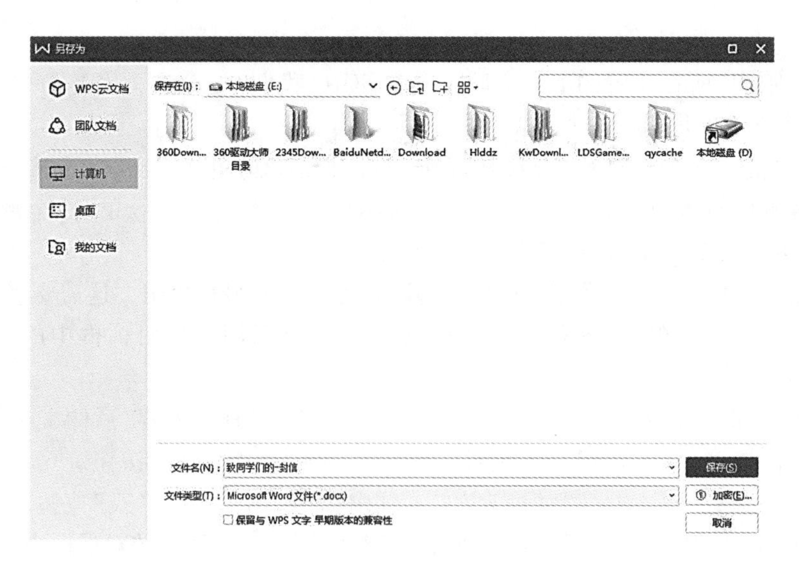

图 4. 4

五、相关知识

文档的创建与编辑除了任务中介绍的新建、保存、查找和替换外，还有文档的打开、文档内容的选定、选择性粘贴、自动保存等内容。另外，Word 2010 最大的特色在于其功能区，下面分别进行介绍。

1. Word 2010 打开方法

启动 Word 2010 有两种常用的方法：

(1)双击桌面的“Word 2010”快捷图标。

(2)单击【开始】/【所有程序】/【Microsoft Office】/【Word 2010】程序图标。

2. Word 2010 的工作界面

Word 2010 的工作界面包括标题栏、快捷菜单、文件选项卡、功能区、编辑区、状态栏等。快捷菜单位于标题栏的左侧，常用命令位于此处，方便了用户的操作。

(1)文件按钮。

文件选项卡与 Word 2003 的文件菜单基本相似，位于 Word 2010 窗口左上角。单击“文件”按钮可以打开“文件”面板，包含保存、另存为、打开、关闭、信息、最近所用文件、新建、打印等。

(2)功能区。

Word 2010 的功能区与 Word 2003 中的“菜单”或“工具栏”相同，工作时用到的命令位于此处。

默认状态下功能区中包含“开始”“插入”“页面布局”“引用”“邮件”“审阅”和“视图”选项卡，每个选项卡下分成了多个命令组，可以容纳更多的功能，同时也使得操作更加直观、方便。

例如，“开始”选项卡由“剪贴板”“字体”“段落”“样式”和“编辑”五个功能组组成，有些组的右下角的小图标称为“功能按钮”，如图 4. 5 所示。

图 4. 5

(3)视图切换。

工作页面右下角有 5 个“视图”切换按钮，可实现功能转换。

3. 文本的选定方法

除了点击鼠标左键拖动鼠标选取文本外，还有几种简单实用的方法。

(1)选择一行文本：光标移至文本左侧，当光标变为小箭头形状时单击。

(2)选择连续多行文本：光标移至文本左侧，当光标变为小箭头形状时，向上或向下拖动鼠标。

(3)选择不连续文本：先选择一部分文本，然后按住“Ctrl”键，再选择另外的文本区域即可。

(4)选择一个段落：光标移至该段落左侧空白位置处，当光标变为小箭头形状时双击，或在该段落任意位置处三击。

(5)选择整篇文档：将光标移至文档左侧，当光标变为小箭头形状时三击，或按 Ctrl+A 组合键选择整篇文档内容。

4. 选择性粘贴

Word 2010 与以前的版本相比，粘贴功能更加全面，其强大的粘贴功能可利用“选择性粘贴”命令来实现。命令使用方法如下：

(1)复制对象后，在图标位置单击【剪贴板】命令组中的“粘贴”按钮，在【粘贴选项】命令组中进行选择。

(2)复制对象后，在图标位置单击鼠标右键，从快捷菜单中选择【粘贴选项】命令组中的选项。同学们可以复制欢迎信最终效果中“我们班教室在 303”这句话，在新建文档中分别使用三个图标进行选择性粘贴，体验三者的区别。

5. 自动保存

Word 的自动保存功能可以在断电或死机等特殊情况下最大限度地减少损失，Word 可以在设定的时间间隔内对文档进行自动保存。

①单击“文件”选项卡。②选择“选项”命令，弹出“Word 选项”对话框。③在“Word 选项”对话框中，选择“保存”命令。④在“保存自动恢复信息时间间隔”后的时间框内设置自动保存时间。⑤单击“确定”按钮完成自动保存的设置。

任务 2　文档的格式化

一、任务要点

1. 字符格式化。
2. 段落格式化。
3. 基本版式设计与排版。
4. 修订功能的使用。

二、任务描述

班主任要对全班同学进行一次安全教育，需要语文课代表田川写一篇讲稿。田川编写好文字内容后，利用 Word 2010 的字符格式化、段落格式化以及版式设计与排版等功能对讲稿进行了编辑，使讲稿看起来更加清晰、美观。

三、操作思路

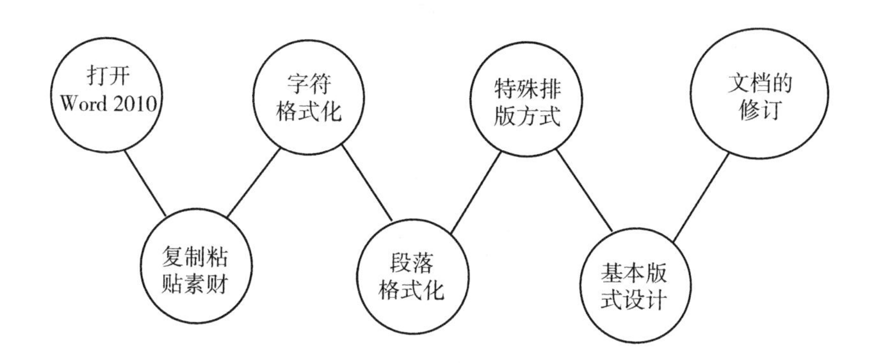

四、操作步骤

1. 打开 Word 2010

双击桌面“Word 2010”快捷图标，即可打开并新建一个 Word 2010 文档。

2. 复制粘贴素材

打开文件：资料库/项目四/任务 2/课堂案例/课堂案例 . docx，将该文档内容复制到新建 Word 文档中。

3. 字符格式化

在 Word 2010 中，通过【开始】/【字体】进行字符格式设置，【字体】命令组如图 4.6 所示。

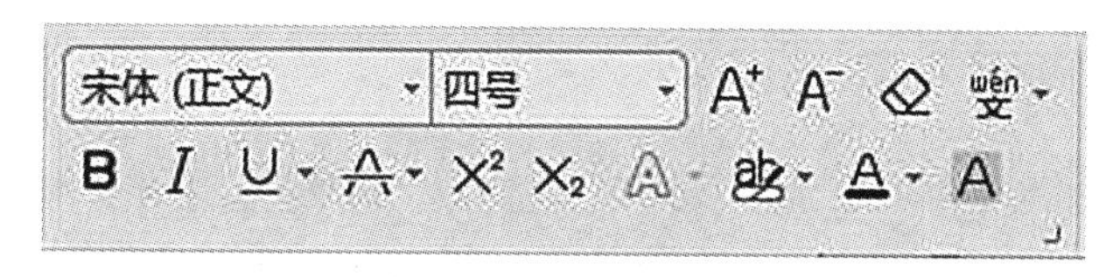

图 4.6

(1)设置讲稿标题文本字符格式。

田川将标题设置为字体“黑体”、字号“二号”，颜色为橙色，强调文字选择颜色 6，渐变轮廓。

(2)设置正文文本字符格式。

用同样的方法设置所有正文字体为“楷体”，字号为“小四号”。

(3)设置正文标题文本字符格式。

将正文的第一至第五点标题文本设置为加粗、倾斜并添加下画线。

(4)添加着重号。

为正文第一段添加着重号，选中第一段后，操作步骤如图 4.7 所示。

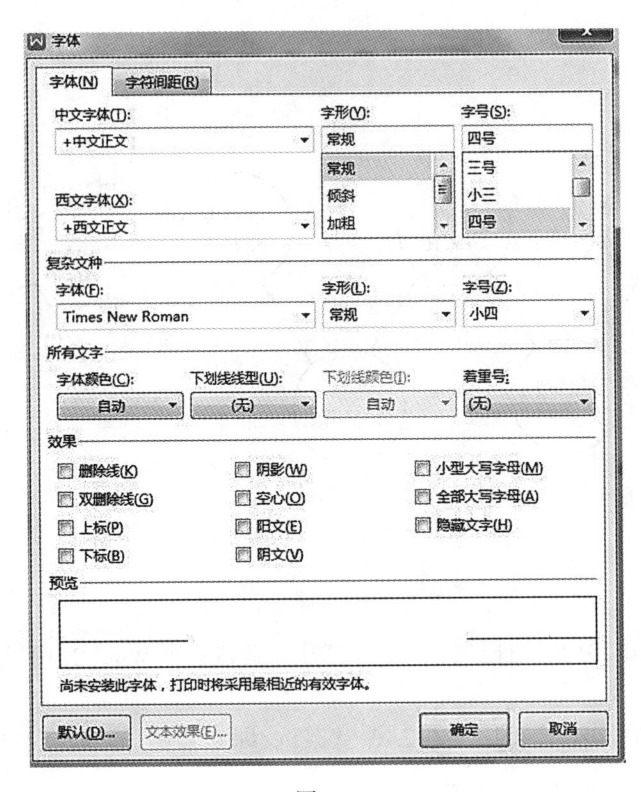

图 4.7

4. 段落格式化

文档的段落格式化通过【开始】/【段落】来设置。选中要设置格式的段落，单击【段落】命令组中的按钮即可设置，【段落】命令组如图 4.8 所示。

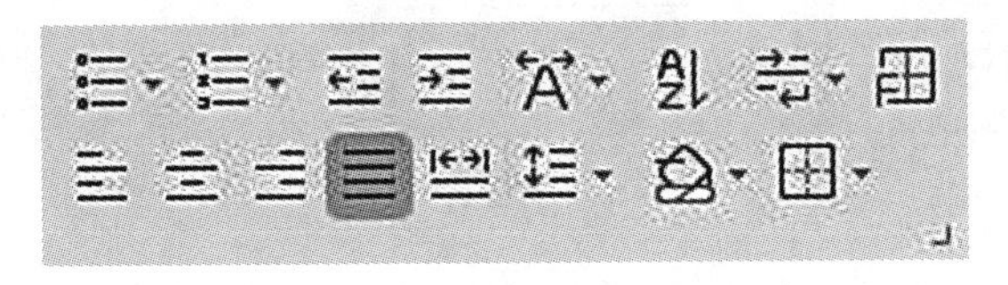

图 4.8

(1)标题居中。

选中标题后，单击【段落】命令组的“居中”按钮。

(2)首行缩进。

正文所有段落设置为“首行缩进”，缩进值为 2 字符。选中正文所有段落后，操作步骤图 4.9 所示。

(3)设置行距。

正文所有段落行间距设置为固定值 18 磅。选中所有正文后，在“段落”窗口进行操作。

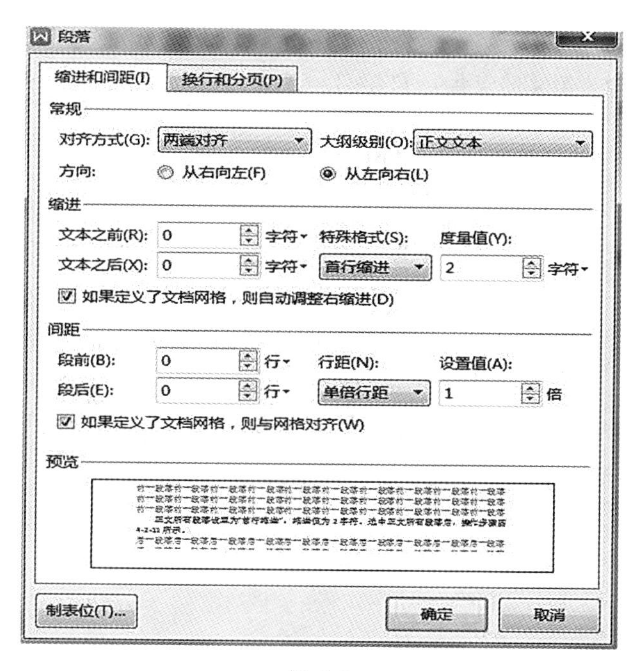

图 4.9

(4)设置段后距。

将正文第二段后距设置为“0.5 行”，选中正文第二股后，在“段落”窗口进行操作。

(5)设置段落左右缩进。

将正文第二段左右各缩进 2 字符。选定正文第二段后，操作步骤如图 4.10 所示。

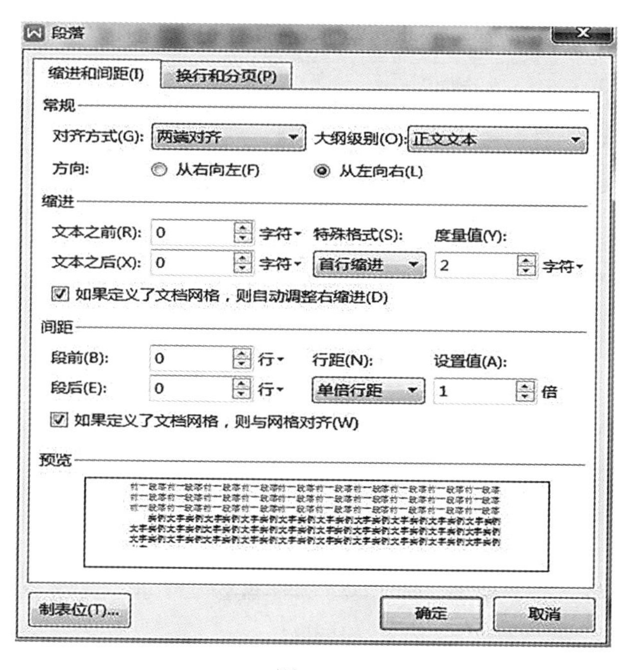

图 4.10

(6)设置项目符号。

为正文第6、第7、第8段添加项目符号，选定操作对象后，在“段落”窗口进行操作。

5. 特殊排版方式

Word 2010 提供了特殊排版方式，如分栏、首字下沉、边框和底纹等。

(1)分栏。

将正文第四段分为两栏、加分隔线，进中正文第四段后，操作步骤如图 4.11 所示。

图 4.11

将正文第二段的第一个字“生”设置为“首字下沉”，字体“华文琥珀”，下沉 2 行，距正文 0.5 厘米。选定“生”字后，进行操作。

(2)文字边框和底纹。

给正文第一段“亲爱的同学们”这几个字符添加文字边框，线型为“虚线”，颜色为“红色”，宽度为“2.25 磅”；添加文字底纹，颜色为“粉红”。选中第一段后，添加边框操作步骤如图 4.12 所示。

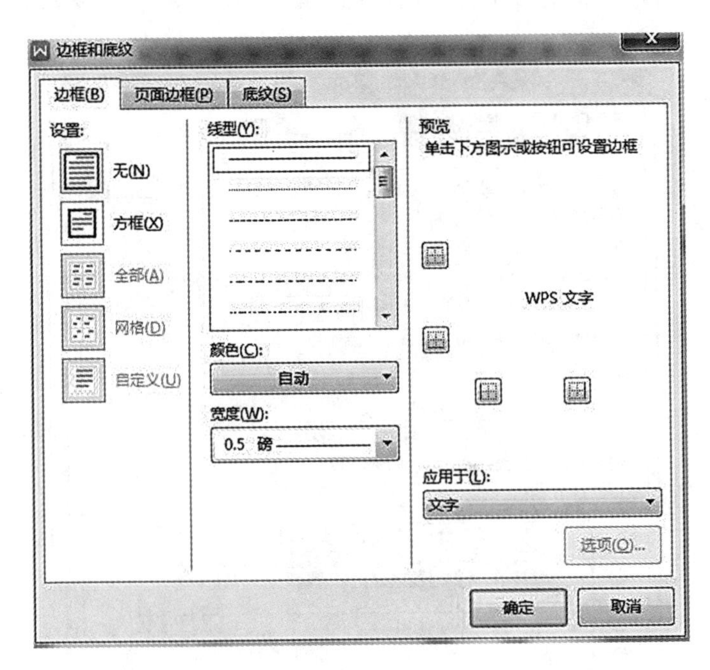

图 4.12

(3)段落边框和底纹。

给正文最后一段添加段落边框，边框样式为“三维”，选择边框线型“——”颜色为“橙色”。

选中最后一段，单击【页面布局】/【页面边框】，调出“边框和底纹”对话框后，操作步骤如图 4.13 所示。

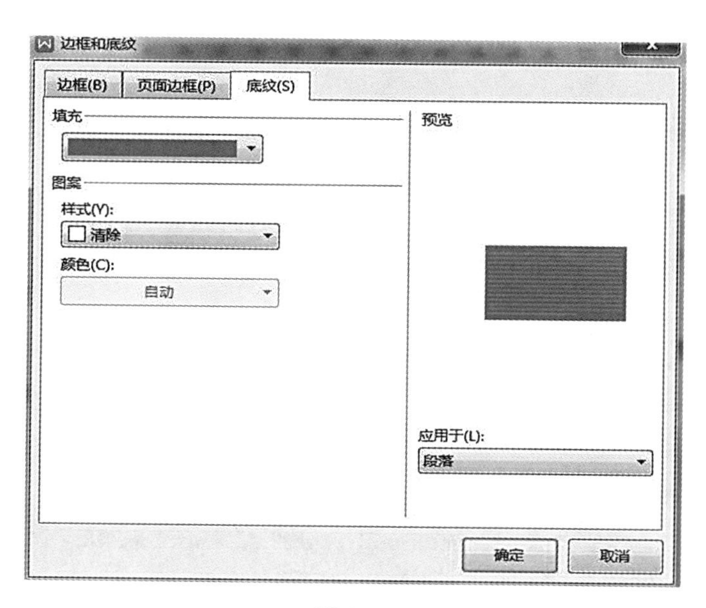

图 4.13

6. 基本版式设计

(1)页面设置。

设置纸张大小为“A4”，页面方向为“纵向”，页边距为“适中”。

(2)页面背景。

给文档添加背景颜色为“纹理”“羊皮纸”。

7. 文档的修订

Word 中的修订是显示文档中所做的删除、插入位置标记。审阅修订是以统一的标准记录和显示所有用户对文档的修改，方便编写者、审阅者之间沟通交流。单击【审阅】/【修订】中的“修订”按钮，“修订”按钮变亮，表示修订模式已经启动。

在修订状态下，选中“电脑”二字，按 Delete 键即可为文字添加删除线，文字以其他颜色突出显示。

如在删除“电脑”二字后输入“计算机”，“计算机”下会自动添加下画线。

五、相关知识

1. 字符格式化的常用方法

(1)浮动工具栏。

浮动工具栏是 Word 2010 一项极具人性化的功能，当文档中的文字处于选中状态时，会出现一个半透明状态的浮动工具栏，将鼠标指针移到被选中文字的上方时，该工具栏即可清晰显示。该工具栏中包含了常用的设置文字格式的命令，如设置字体、字号、颜色、居中对齐等命令。

(2)“字体”对话框。

在“字体”对话框中可选择“字体”和“高级”选项卡对字符进行格式设置，如图 4.14 所示。

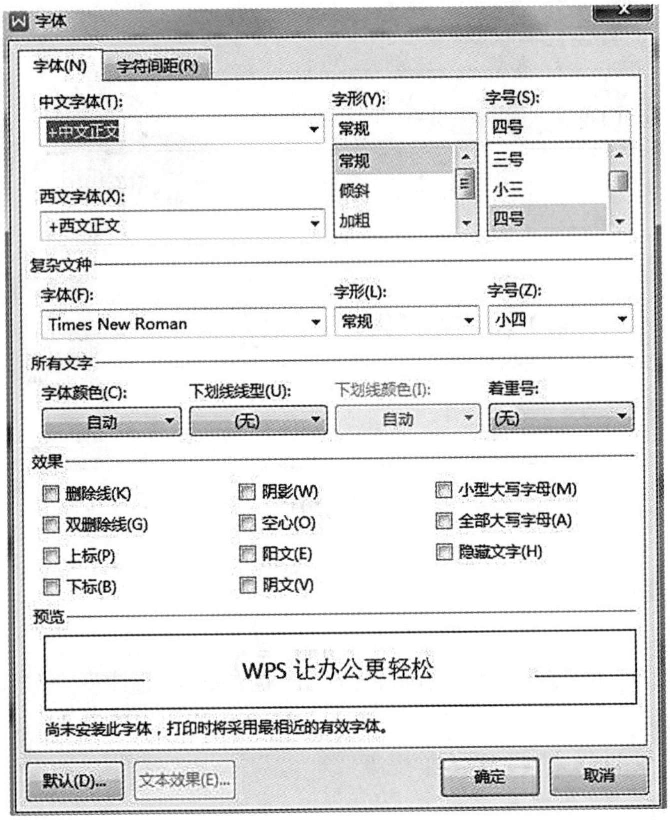

图 4.14

(3)格式刷。

格式刷是将选定文本的格式复制到另一段文字上，使另一段文字拥有与选定文本相同的格式属性。

格式刷的使用方法：

①选定要复制的格式的文本。②单击或双击“格式刷”按钮，此时光标变为刷子形状。单击“格式刷”，格式刷只能应用一次；双击“格式刷”，则格式刷可以连续使用多次。③将光标移到要改变格式的文本处，按住鼠标左键选定要应用此格式的文本，即可完成格式复制。

若取消格式刷方式，可再次单击格式刷。

2.“页面设置”对话框

选择【页面布局】/【页面设置】，单击“扩展”按钮，打开“页面设置”对话框，选择“纸张”选项卡，在“纸张大小”栏中选择所需纸张大小。选择“页边距”可对页边距和纸张方向进行设置。

3. 页眉和页脚

页眉和页脚通常显示文档的附加信息，常用来插入时间、日期、页码、单位名称、徽标等，其中页眉在页面的顶部，页脚在页面的下部。通常页脚也可以添加文档注释等内容。在【插入】/【页眉和页脚】中单击“页眉”“页脚”，即可进行页眉、页脚的插入。在插入“页眉和页脚”时 Word2010 会出现关联工具“页眉和页脚工具”，插入页眉和页脚后单击“设计”选项卡中的“关闭页眉和页脚”按钮，即可结束页眉和页脚的编辑。

任务 3　表格的创建与编辑

一、任务要点

1. 绘制表格、创建表格和定制表格。
2. 表格的编辑操作。
3. 表格的格式化。
4. 表格中数据的计算。

二、任务描述

为了让每位同学都参与到计算机房的清洁工作中，劳动委员制作了一张“计算机房清洁安排表”并要求每组负责人对清洁做好检查评分工作。劳动委员将每次得分做好记录，制作了一张“计算机房清洁得分表”。两张表格如表 4. 1、表 4. 2 所示。

表 4. 1

日期 项目		单周		双周	
		星期一	星期三	星期一	星期三
灰色底纹标识为清洁组长	擦显示器	王子鸣	张丹	刘进	钱进
	擦主机鼠标键盘	马军	何益	王文昊	熊佳平
	擦桌子	沈雅	张梁	祝威武	万昂
	扫地	范霖	徐婷	范珍	李俊
	拖地	金剑	马静	王晧	高明明

表 4.2

日期 / 项目	单周		双周		总分	平均分
	星期一	星期三	星期一	星期三		
擦显示器	87	79	87	97		
擦主机鼠标键盘	65	87	98	86		
擦桌子	97	76	87	76		
扫地	76	87	76	87		
拖地	85	78	87	75		

三、操作思路

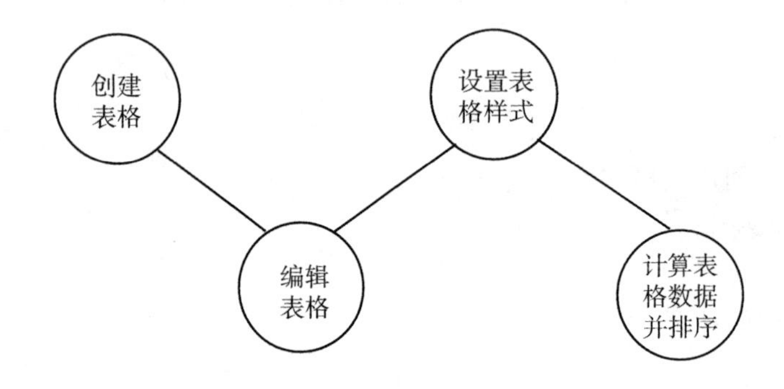

四、操作步骤

1. 创建表格

(1)输入表格标题。

①新建 Word 2010 文档。②在文档编辑区首行输入标题“计算机房清洁安排表”，字体为“楷体”，字号“二号”。以“机房清洁安排表”为文件名保存文档。

(2)插入表格。

①单击“插入”选项卡。②单击“表格”命令按钮，弹出“插入表格”下拉列表。③在下拉列表中拖动鼠标选择 7 行 6 列。操作步骤如图 4.15 所示。

2. 编排表格

(1)调整表格的行高和列宽。

①单击表格左上方的出图标，选中表格，此时会出现关联工具“表格工具”，②单击“布局”选项卡，在【单元格大小】命令组中输入“高度”“宽度”值，操作步骤如图 4.16 所示。

(2)调整第 1、第 2 行的行高。

将鼠标放在表格第 1 行左侧向下拖动，选择表格第 1、第 2 行，在“布局”选项卡中设置“高度”值。

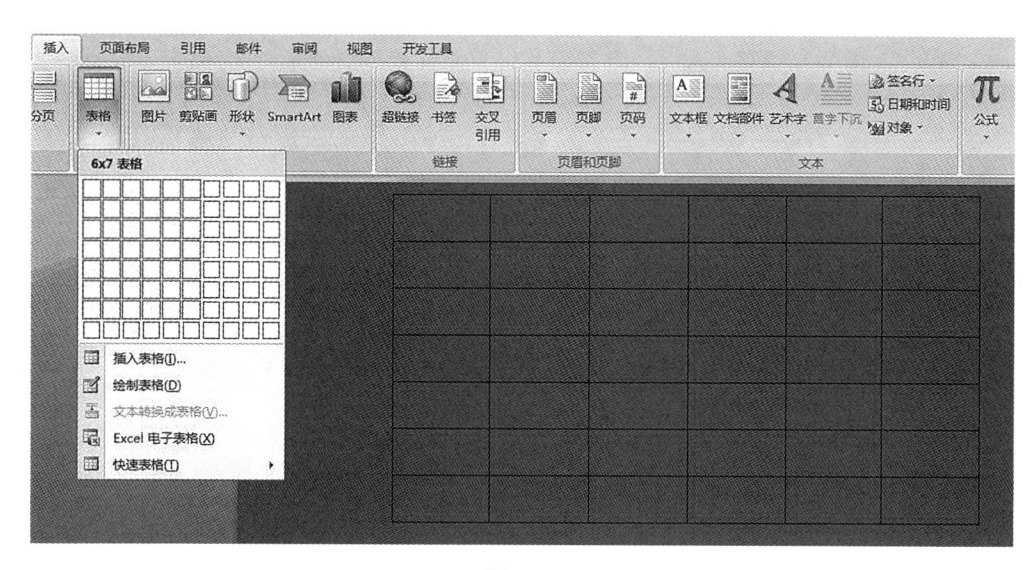

图 4. 15

图 4. 16

(3)调整第 1、第 2 列的列宽。

将鼠标放在表格第 1 列上方单击，选择表格的第 1 列，在“布局”选项卡中设置“列宽”值，以同样方法选择第 2 列，设置“列宽”值。

(4)合并单元格。

①选择表格左上方的 4 个单元格。②单击【布局】/【合并】中的“合并单元格”按钮，合并单元格。

(5)设置对齐方式。

默认对齐方式是“靠上两端对齐”，本任务需要“水平居中”。①单击表格左上方的“⊞”图标，选中表格。②单击【布局】/【对齐方式】中的“水平居中”按钮。

在表格中输入文本，效果如表 4. 3 所示。

表 4.3

日期 项目		单周		双周	
		星期一	星期三	星期一	星期三
灰色底纹标识为清洁组长	擦显示器	王子鸣	张丹	刘进	钱进
	擦主机鼠标键盘	马军	何益	王文昊	熊佳平
	擦桌子	沈雅	张梁	祝威武	万昂
	扫地	范霖	徐婷	范珍	李俊
	拖地	金剑	马静	王晧	高明明

(6)调整单元格中文字的文本方向。

①选中要设置文字方向的单元格。②单击【布局】/【对齐方式】中的“文字方向”按钮，单元格文字变为“竖向”。操作步骤如图 4.17 所示。再次单击此“文字方向”按钮，单元格文字变为“横向”。

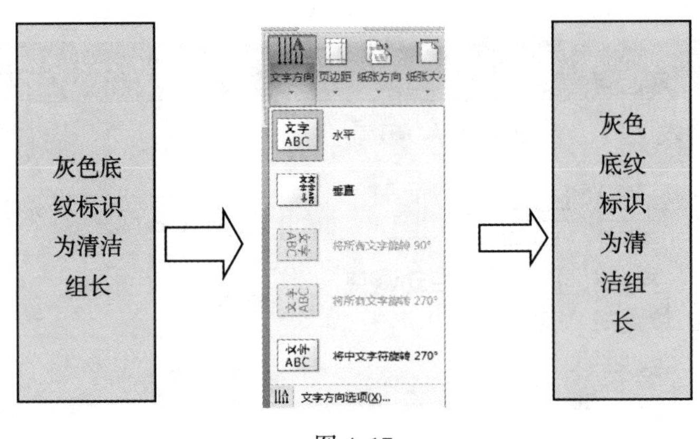

图 4.17

3. 设置表格样式

(1)设置表格边框。

设置表格边框，可以使表格变得美观。

(2)设置斜线表头。

用添加表格边框的方式添加斜线表头。①选择表头，在“样式”下拉列表中选择线型为“——”。②在“边框”下选择“斜下框线”。③添加斜线后，适当调整表头文字。

(3)添加底纹

将清洁组长所在单元格添上底纹时，选定清洁组长所在单元格后进行操作。

五、相关知识

日常工作中，我们往往需要在表格中输入或删除行和列、拆分单元格、设置表格属性等，下面分别简单介绍。

1. 插入行或列

在制作表格的过程中，如果发现需要增加行和列，可在表格中选定需要增加行或列的位置，单击【表格工具】/【布局】，再单击相应的选项。

2. 表格属性

(1)设置行高和列宽。

表格的行高、列宽除了用上文介绍的方法设置以外，还可以用“表格属性”命令进行设置。

(2)设置边框和底纹。

表格的边框和底纹也可用“边框和底纹”命令设置，选定相应的表格或单元格后进行操作。

任务 4　图文混排

一、任务要点

1. 插入图片、图形、艺术字、文本框等。
2. 插入对象的格式设置。
3. 图、文、文本框的综合排版。

二、任务描述

李援是学前教育专业的学生，毕业后到幼儿园工作。园长交给李援一个任务，希望她能为幼儿园制作一张漂亮的菜谱，张贴在幼儿园门口的橱窗里。园长只给了李援一张列有饮食安排的文字稿，李援利用学过的 Word 图文混排技术，制作出了一张图文并茂的菜谱，园长看了非常满意。

三、操作思路

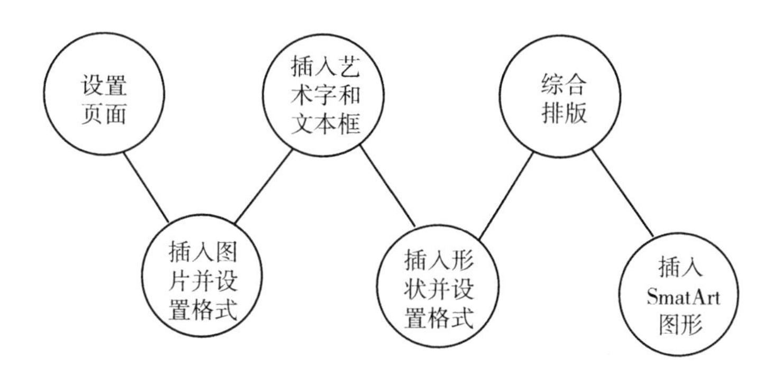

四、操作步骤

1. 设置页面

新建 Word 2010 文档，设置纸张大小为 A4，横向，窄页边距。

2. 插入图片并设置格式

(1)插入背景图片。

操作步骤如图 4. 18 所示。

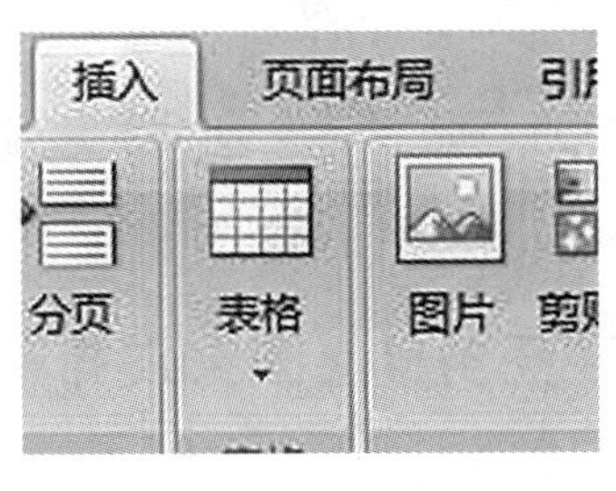

图 4. 18

(2)设置图片环绕方式。

默认的图片大小及环绕方式需要调整，操作步骤如图 4. 19 所示。

图 4. 19

(3)调整图片位置和大小。

选择文档中的图片，在图片上右击鼠标，在弹出的快捷菜单中选择“大小和位置”命令，打开“布局”对话框，在其中可对图片大小进行精确设置。

3. 插入艺术字和文本框

(1)艺术字调整。

插入艺术字后，在【开始】/【字体】命令中设置字体为“幼圆”，字符间距加宽 3 磅。字体效果如图 4. 20 所示。

图 4. 20

(2)插入文本框。

文本框是指一种可移动、可调整大小的文字块。使用文本框，可以在一页上放置多个文字块，并使块内文字与文档中其他文字按不同的方向排列，因此文本框为文字排版提供了便利。

利用文本框插入“星期一食谱”，插入功能面板如图 4. 21 所示。插入文本框后，设置文本框的填充和边框。以同样的方法制作“星期二食谱”至“星期五食谱”文本框，并摆放好位置。

图 4. 21

4. 插入形状并设置格式

(1)插入形状并设置。

插入位于食谱下的形状，形状面板如图 4.22 所示。

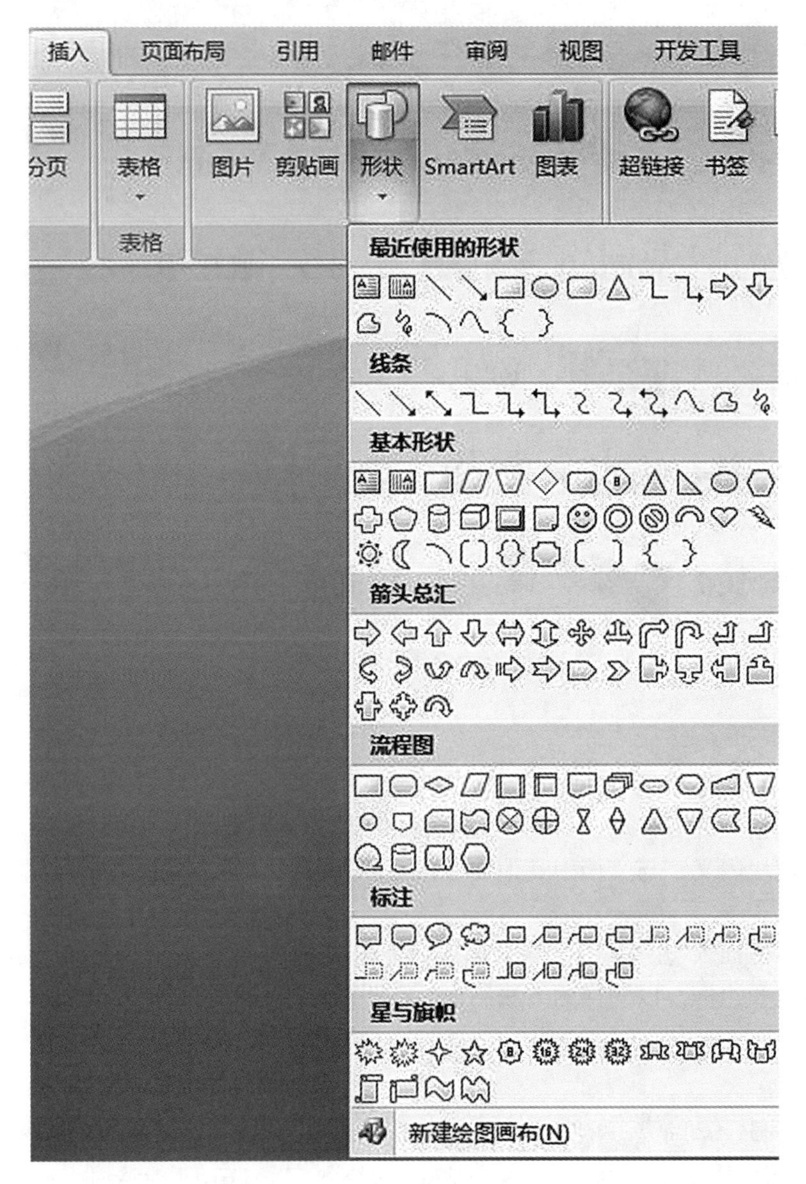

图 4.22

将鼠标移至“星期一食谱”文本框的下方，当鼠标变为“+”时，拖动鼠标，即可得到一个圆角矩形。

在“星期二食谱”文本框下插入“云形标注”，“星期三食谱”文本框下插入“波形”，“星期四食谱”文本框下插入“椭圆”，“星期五食谱”文本框下插入“下箭头”。同时在“星期一食谱”至“星期五食谱”下方插入图片。

(2)调整形状并设置样式。

星期五食谱的形状是下箭头，默认插入的下箭头需调整。选中形状，在菜单栏中选中格式选项，找到形状设置板块进行修改。

(3)在形状内添加文字。

菜谱文字内容是添加在形状内的，点击“添加文字”进行操作(见图 4.23)。

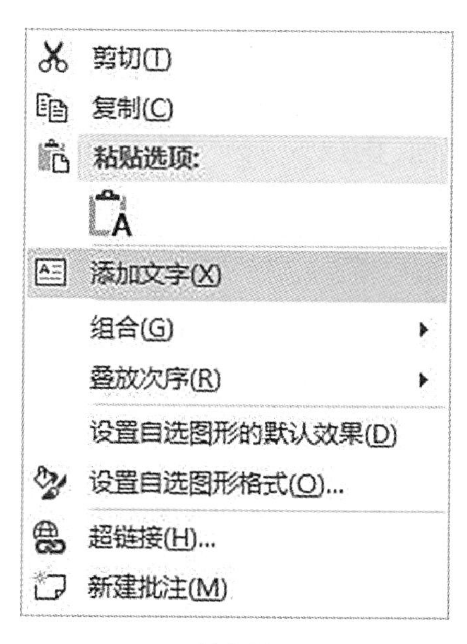

图 4.23

5. 综合排版

在依次设置完食谱中所有图片、艺术字、文本框、形状后，各对象之间还需做一些协调和调整。例如，图一被图二挡住，则需要将图一的排列顺序改为“浮于文字上方”。又如，图一不再被挡住，但其白色背景又挡住了下面的图二，所以还需将图一的白色背景设置为透明色。

6. 插入 SmartArt 图形

SmartArt 图形是信息和观点的视觉表示形式，可以快速、轻松、有效地传达信息。SmartArt 图形是 Office 2010 加入的新特性，用户可在 Word、Excel 和 PowerPoint 中使用该特性创建各种图形图表。下面学习 SmartArt 图形的插入和设置。

(1)选择 SmartArt 图形。

在“插入”选项卡中“插图”组中单击 SmartArt 工具，弹出“选择 SmartArt 图形”对话框。选中一个 SmartArt 图形，单击确定按钮，就可以将它插入文档之中。

(2)添加形状。

插入 SmartArt 图形后，Word 2010 工作界面中随即出现了“SmartArt 工具”关联工具。在“SmartArt 工具”中添加形状的面板如图 4.24 所示。

图 4.24

(3)设置颜色。

用鼠标左键点击选中现有的 SmartArt 图形，出现 SMARTART 工具专有的菜单，点击最上方菜单栏中的“SMARTART 工具”下方的“设计”菜单，然后再点击下方工具栏中的“更改颜色”。

五、相关知识

1. 设置图片样式

Word 2010 为用户准备了 20 余种图片的外观样式。若给图片增加“金属椭圆”型样式，可点击【图片工具】/【格式】/【图片样式】中的最后一种样式。

2. 精确调整图片

如果要求对图片和形状进行高精度的大小调整，需要在【格式】/【大小】中进行调整，此功能还可以对图片进行裁剪。

3. 组合对象

工作中有时候需要将多个对象组合起来使用，组合起来的对象可一起移动，一起放大或缩小，而不必逐一设置。按住 Ctrl 键，用鼠标选中需要组合的各个对象，然后松开 Ctrl 键，移动鼠标，单击鼠标右键，在弹出的快捷菜单中选择【组合】/【组合】即可；若要取消组合，右击后选择【组合】/【取消组合】即可。

4. 插入公式

Word 中有时需要插入数学公式，操作步骤如图 4.25 所示。

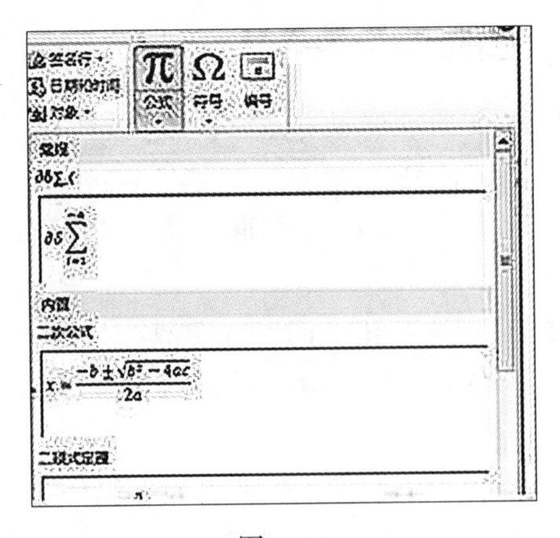

图 4.25

任务 5　邮件合并

一、任务要点

1. 邮件合并操作。
2. 邮件合并的源和域。

二、任务描述

期末考试结束了，班长张洁需要协助老师将两份文件发送给家长，每位家长需要阅读《给家长的一封信》和自己孩子的成绩单。张洁想到了利用合并功能，于是重新制作了一份文档作为主文档，将两份文件的内容有机地结合在一起，批量高效地完成了老师交给的任务。

三、操作思路

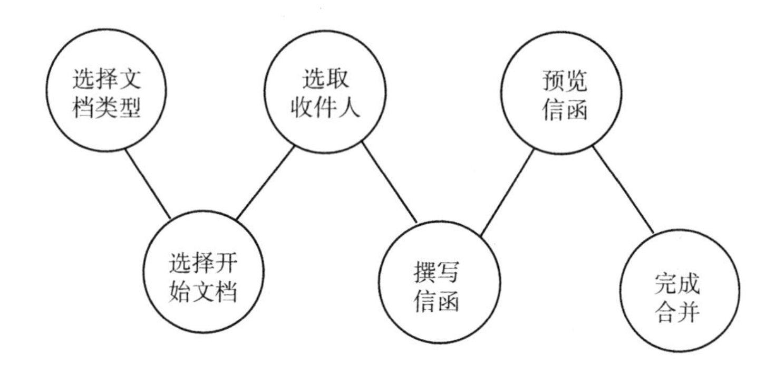

四、操作步骤

1. 选择文档类型

打开文件：资料库/项目四/任务 5/课堂案例/学生成绩通知书 . docx，将此文件作为邮件合并的主文档。

2. 选择收件人

选择收件人即选择或创建数据源，数据源中包含了合并文档中各不相同的数据，若使用已有的数据源，可以单击“浏览”按钮来选取数据源。

3. 撰写信函

在“邮件合并”任务窗格“选择收件人”向导页中单击“下一步：撰写信函”超链接，进行操作。

4. 预览信函

撰写完成后单击“下一步：预览信函”超链接，进行操作。

5. 完成合并

合并后的文档可直接发送到打印机、电子邮件地址或传真号码，也可将合并文档汇集到一个新文档中，以便审阅、编辑或打印。

五、相关知识

Word 的邮件合并可以将一个主文档与一个数据源结合起来，最终生成一系列输出文档。

1. 邮件合并

“邮件合并”是在邮件文档(主文档)的固定内容中，合并与发送信息相关的一组通信资料(如 Word 表、Excel 表、Aces 数据表等)，从而批量生成需要的邮件文档。通俗地说，邮件合并是把数据库中的内容动态地合并到 Word 文档中，形成一个新文档，通过邮件合并工具栏中的按钮，在相同文档模板中能看到不同的文档内容。

2. 应用范围

邮件合并可制作数量比较大且内容包含固定不变部分和变化部分的文档。固定不变内容在 Word 中设计，变化的内容来自数据表中的记录。例如，批量打印信封、信件、学生成绩单、准考证、录取通知书、各类获奖证书、工资条等。

3. 合并过程

邮件合并的基本过程包括建立主文档、准备数据源、合并到主文档三个步骤。

(1)建立主文档。

主文档是指邮件合并中固定不变的内容，如信函中的通用部分、信封上的落款等。

①建立主文档的方法。

建立主文档的过程和新建一个 Word 文档相同。主文档在进行邮件合并之前只是一个普通文档。

②主文档与普通文档的区别。

主文档的合适的位置应留下数据填充的空间，便于主文档与数据源完美地结合。

(2)准备数据源。

数据源就是数据记录表，其中包含相关的字段和记录内容。数据源的类型有 Word 表、Excel 表格、Outlook 联系人或 Access 数据库等。

(3)合并到主文档。

利用部件合并工具，将数据源合并到主文档中，得到目标文档。合并完成的文档的份数取决于数据表中记录的条数。

课 后 习 题

任务 1　文档的创建与编辑

一、基础实训

打开资料库/项目四/任务 1/基础实训/课程表 . docx。

1. 将文件“课程表 . docx”另存在 E 盘中，文件名改为“二班课程表 . docx”。
2. 在表格标题文字“课程表”后插入符号□。
3. 按表 1 的要求改变各科目名称的颜色。

表 1　**科目颜色调整**

科目	颜色	科目	颜色
数学	红色	体育	蓝色
语文	橘色	美术	粉色
英语	绿色	辅导	紫色

4. 将文档中所有的“信息技术”替换为“计算机”，格式为“蓝色、楷体、加粗”。
5. 将文档中所有的数字变为黄色。

设置完成后结果如表 2 所示。

表 2　**课 程 表 □**

时间	星期一	星期二	星期三	星期四	星期五
8：10—8：55	语文	英语	数学	计算机	英语
9：05—9：50	语文	英语	数学	数学	数学
10：05—10：50	计算机	体育	语文	语文	数学
11：00—11：45	计算机	语文	语文	美术	体育
14：20—15：05	数学	美术	英语	美术	计算机
15：15—16：00	数学	计算机	美术	英语	语文
16：10—16：55	辅导	辅导	辅导	辅导	辅导

二、进阶实训

1. 打开资料库/项目四/任务 1/进阶实训/员工福利 . docx。

2. 人力部王主任看到你撰写的员工福利文件提了以下几点更改要求，请你运用本任务所学知识更改文件：

（1）中英文混用不符合发文要求，请将英文更改为中文，姓名除外。

（2）本篇福利内容是针对正式员工的，实习生、试用期员工、兼职员工另有安排。

(3)公司外籍员工较多，请将其姓名颜色改为蓝色，一目了然。

(4)请将全文中所有符号“✓”加粗并改为红色。

(5)请将文中所有数字变为绿色，加粗，并将字体改为黑体。

设置完成后结果如表3所示。

正式员工福利

第一条　节日生日福利

①传统节日，公司根据经营状况决定发放礼品或节日慰问金。

②正式员工每年生日享受一次生日福利，生日福利由公司根据情况决定给予方式。

第二条　娱乐活动

①公司每年组织正式员工开展两次集体娱乐活动。

②集体娱乐活动原则上不得占用工作时间，由办公室统筹安排。

③不参与集体娱乐活动者视为自动放弃福利。

第三条　正式员工名单享受福利待遇情况

表3　**“员工福利”最终效果**

序号	姓名	生日	节日福利	生日福利	娱乐活动
1	王×	1987/3/2	✓		✓
2	Piter	1992/5/14	✓	✓	
3	范××	1981/11/22			✓
4	Rose	1986/5/17		✓	✓
5	李×	1991/12/6	✓		✓

任务2　文档的格式化

一、基础实训

打开资料库/项目四/任务2/基础实训/请假条.docx。

1. 添加标题“请假条”，字体设置为“黑体”、加粗，字号设置为“二号”，字符间距设置为“加宽”，磅值设置为“6磅”，居中对齐。

2. 所有正文字体设置为“华文仿宋”，字号设置为“四号”，段落行间距设置为固定值“25磅”。

3. 将正文第一段段前距设置为“1行”。

4. 正文第二、三、四段及最后一段设置为“首行缩进”，缩进值“2字符”。

5. 正文第五、六、七段设置为“左缩进”，缩进值“4 字符”，第八、九段设置为“左缩进”，缩进值“10 厘米”。

设置完成后效果如图 1 所示。

请　假　条
尊敬的王老师： 　　您好！ 　　您的学生田×因需回家补办学籍及资助材料，特请假一天，请假期间有效联系方式：18900000000。 　　本人保证往返途中的个人人身和财产安全，在不耽误学习课程和任何集体活动的前提下，恳请您批准，谢谢！ 　　班长意见： 　　班主任意见： 　　学院领导签字： 本人签名： 日期： 　　备注：“本人签名”请本人亲自用黑笔书写，此请假条一式二份，请假三天以上需由学院领导签字。

图 1

二、进阶实训

打开资料库/项目四/任务 2/进阶实训/自我介绍 . docx。

1. 将标题设置为文本效果“填充—无，轮廓—强调文字颜色 2”。
2. 给名字“莫××”三个字加上着重号。
3. 给正文第二段添加段落边框和底纹：边框“阴影”样式，线型“双实线”，颜色“橙色”，宽度“1. 5 磅”，底纹颜色“淡橙色”。
4. 将正文第三段第一个字“我”设置为首字下沉，字体“华文彩云”，下沉“2 行”，距正文“0. 3 厘米”。
5. 给正文第四段添加“波浪型”下划线。
6. 给正文第五、六、七段添加项目符号“◇”。
7. 设置纸张大小为“B5”，页边距上下左右各为“3 厘米”。
8. 设置页面背景为纹理“信纸”。

任务 3　表格的创建与编辑

一、基础实训

建立如表 4 所示表格。

表 4

节次 \ 日期	星期一	星期二	星期三	星期四	星期五
1、2 节	语文	数学	计算机基础	平面设计	网络基础
3、4 节	班会活动	平面设计	网络基础	文字录入	语文
5、6 节	计算机基础	文字录入	英语	数学	数学
7、8 节	课外活动	辅导	辅导	课外活动	自习

二、进阶实训

1. 建立如表 5 所示表格。
2. 用公式计算表格中的“总分”和“平均分”，平均分保留两位小数。
3. 以“总分”为主要关键字对表格进行排序并输入排名。

表 5　**员工培训成绩表**

姓名 \ 课程成绩	Word	Excel	PowerPoint	总分	平均分	排名
张东	95	97	86			
赵乐	88	85	90			
钱进	70	82	77			
孙扬	85	90	92			
李锦	80	75	66			

设置完成后表格如表 6 所示。

表 6　**员工培训成绩表**

姓名 \ 课程成绩	Word	Excel	PowerPoint	总分	平均分	排名
张东	95	97	86	278	92.67	1
孙扬	85	90	92	267	89.00	2
赵乐	88	85	90	263	87.67	3
钱进	70	82	77	229	76.33	4
李锦	80	75	66	221	73.67	5

任务 4　图文混排

一、基础实训

制作一张“周末快乐”贺卡，如图 2 所示。

主要操作步骤如下：

1. 新建文档，自定义文档大小：宽度 22 厘米，高度 16 厘米，页边距设置为“窄”。
2. “Happy Weekend”使用艺术字，艺术字样式，并使用手柄倾斜放置，再做微调。
3. 正文字体宋体，字号四号。
4. 页面边框设置为自定义，选择艺术型的星星样式。
5. 插入图片，文字环绕方式为衬于文字上方，并旋转一定角度。

图 2　周末快乐贺卡

二、进阶实训

利用所学过的图文混排知识，制作一张庆祝国庆节的班级小报，效果如图 3 所示。

任务 5　邮件合并

一、基础实训

打开“资料库/项目四/任务 5/基础实训”文件夹，以“请柬 . docx”文件为主文档，以“宾客名单 . docx”为数据源，完成邮件合并，合并后的其中一页效果如图 4 所示。

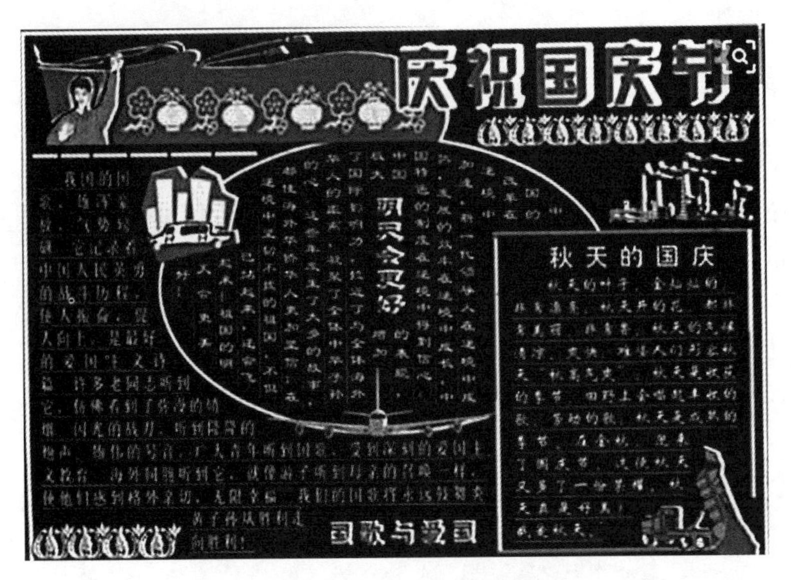

图 3　庆祝国庆节的班级小报效果

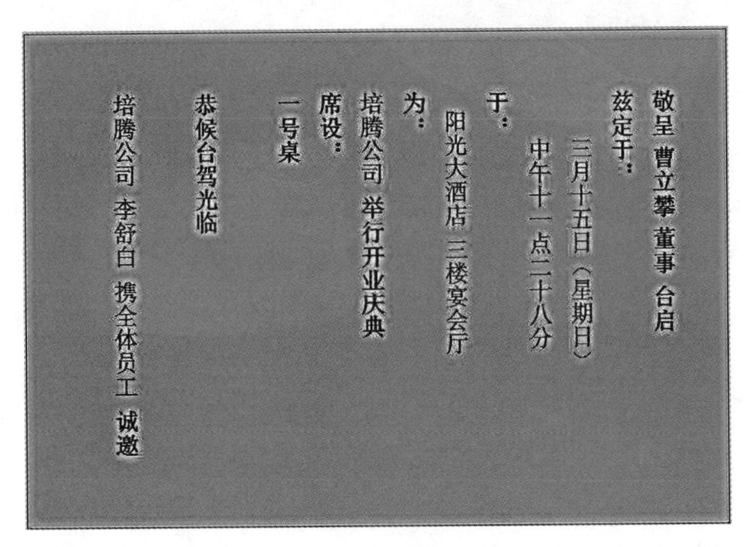

图 4　通用实训效果

二、进阶实训

打开“资料库/项目四/任务 5/进阶实训”文件夹，以“返校通知 .docx”为主文档，以“年级记录”为数据源，完成邮件合并，合并后效果如图 5 所示。

任务 6　宏的使用

一、基础实训

1. 新建一个 Word 文档，创建一个表格，录制一个新宏，将宏保存在通用模板上，宏

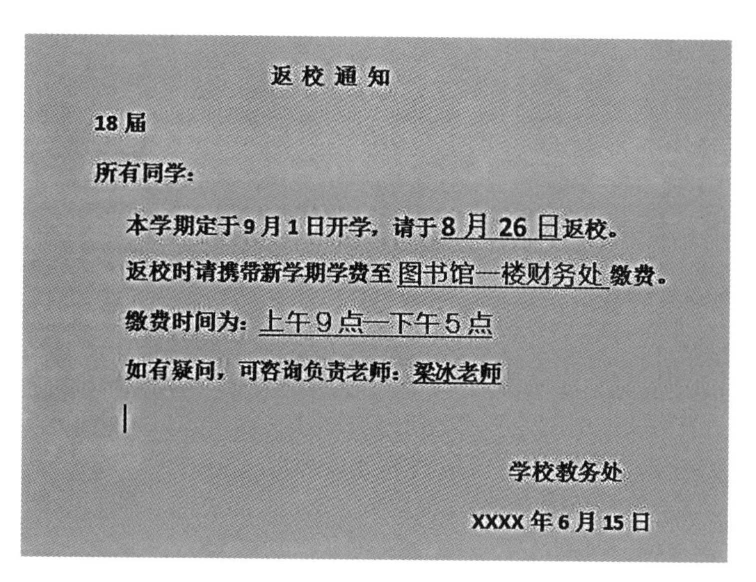
返校通知

18 届

所有同学：

本学期定于 9 月 1 日开学，请于 8 月 26 日返校。

返校时请携带新学期学费至图书馆一楼财务处缴费。

缴费时间为：上午 9 点—下午 5 点

如有疑问，可咨询负责老师：梁冰老师

学校教务处

XXXX 年 6 月 15 日

图 5　进阶实训效果

的功能为：表格单元格水平居中，字体加粗，表格外框线为双实线，底纹为“白色，背景 1，深色 15%”，关闭文档。

2. 打开“资料库/项目四/任务 6/基础实训/药品价格一览表 . docx”，选中其中表格，运行宏。

二、进阶实训

宏的功能很强大，我们只是用到了它的“冰山一角”，请同学们收集宏的资料并回答以下问题。

1. 你认为宏还能帮你做哪些事？

2. 如果把宏运用到工作中，它能简化哪些内容？

3. 在收集资料的过程中，你还学到了关于宏的哪些操作技巧？

第 4 章　Excel 2010 电子表格

Excel 电子表格软件是微软公司率先在 Office 办公软件套件中推出的一个子软件，经历了各种版本的更新，本书介绍的 Excel 电子表格软件使用操作主要是依托 2010 版，如图 4.1 所示。其他版本的功能使用请参照学习。Excel 电子表格软件主要用于数据处理、分析。Excel 电子表格软件不仅能够在单一区域中建立电子表格，使用公式函数进行计算处理，还可以对海量数据进行排序、筛选等处理。Excel 电子表格软件是一个实用性强、易学易用的日常办公软件。WPS 软件套件中也有类似功能的各种版本的电子表格软件，读者可以参照学习使用。

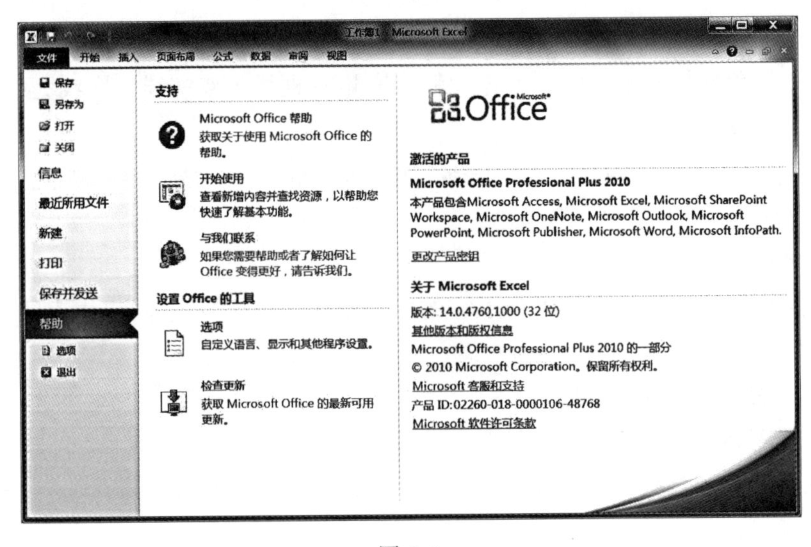

图 4.1

4.1　基本操作

4.1.1　基本概念

1. 工作表

打开 Excel 2010 电子表格软件，系统默认新建一个电子表文件，这个电子文件的界面就是一个工作表。一个工作表可存放一组密切相关的数据，同一个 Excel 文件中可以有多个工作表。其中只有一个是当前工作表，或称为活动工作表；每个工作表都有一个名称，在屏幕上对应一个标签，所以，工作表名又称为标签名。初建工作表时，默认工作表名(标签名)是 Sheet1、Sheet2、Sheet3 等。用鼠标双击标签名或使用“格式”菜单下的子菜单“工作表”中的“重命名”命令可以为工作表更名。工作表名最多可含有 31 个字符，并且不能含有冒号、斜线、问号、星号、左右方括号等，可以含有空格。

2. 工作簿

工作簿就是 Excel 2010 文档，它是处理和存储用户数据的文件，其扩展名为“xls”，该类文件的图标是“”。一个 Excel 2010 工作簿可以包含多个工作表，用户可将一些相关工作表存放在一个工作簿中，以便于查看、修改、增删或者进行相关运算。图 4.2 所示的就是一个工作簿，文件名为“工作簿 1. xls”，其中包含有“Sheet1”“Sheet2”“Sheet3”等工作表。

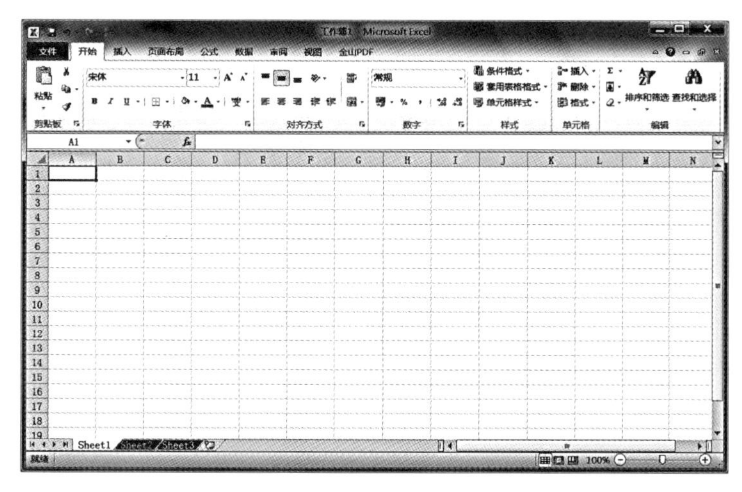

图 4. 2

3. 单元格

工作表是由排列成行和列的线条组成的，行线和列线交叉而成的小格称为单元格。单元格是组成工作表的基本元素，一个工作表最多可包含 256 列、65536 行；每一列列标用 A，B，C，D，…，X，Y，Z，AA，AB，AC，…，AZ，BA，BB 等表示；每一行行标用 1，2，3 等表示，由交叉位置的列标、行标表示单元格，例如，A1，B2，C14 等。每个工作表中只有一个单元格为当前工作单元格，称为活动单元格，活动单元格名在屏幕上的名称框中反映出来。

4. 数据类型

单元格中的数据有三种类型：文本数据、数值数据和日期时间数据。

(1)文本数据。文本数据常用来表示名称，可以是汉字、英文字母、数字、空格及其他键盘能输入的字符。文本数据不能用来进行数学运算，但可以通过连接运算符(&)进行连接。

(2)数值数据。数值数据表示一个数值或币值，可以是整数(如 100)、小数(如 3.1425)、带正负号数(如-78)、带千分位数(如 1，234，567.00)、百分数(如 23%)、带货币符号数(如 $ 12.000)、科学记数法数(如 1.2E3，等于 1.2×10)。

(3)日期时间数据。日期时间数据表示一个日期或时间。日期的输入格式是“年-月-日”，年份可以是 2 位(0-29 表示 2000-2029，30-99 表示 1930-1999)，也可以是 4 位，建议使用 4 位年份。日期显示时，年份为 4 位。时间的输入格式是“时：分”“时：分 am”或“时：分 pm”，显示时间时，按 24 小时制显示。

5. 公式

单元格中的信息可以是公式，公式可以完成一个计算。参与计算的数据可以是常数如(3+8)，也可以是单元格引用(如 A1+B1+C1)，还可以是 Excel 2010 提供的内部函数(如 AX(A1，A2，A3)表示 A1，A2，A3 单元格中的最大值)。单元格中输入公式后，Excel 2010 自动将计算结果显示出来。如果公式中有单元格引用、按引用单元格的值发生变化时，计算结果也随之变化。

6. 函数

Excel 2010 提供了近 200 个内部函数，分为数学与三角函数、统计函数、文本函数、日期与时间函数、财务函数、信息函数、逻辑函数、查找与应用函数等几类。在公式中使用函数，可以很方便地对工作表中的数据进行总计、平均、转换等，从而避免用户手工计算，大大提高了工作质量和效率。

7. 图表

工作表中的数据除了以文字的形式表现外，还可以用图的形式表现。图 4.3 所示就是一个图表。

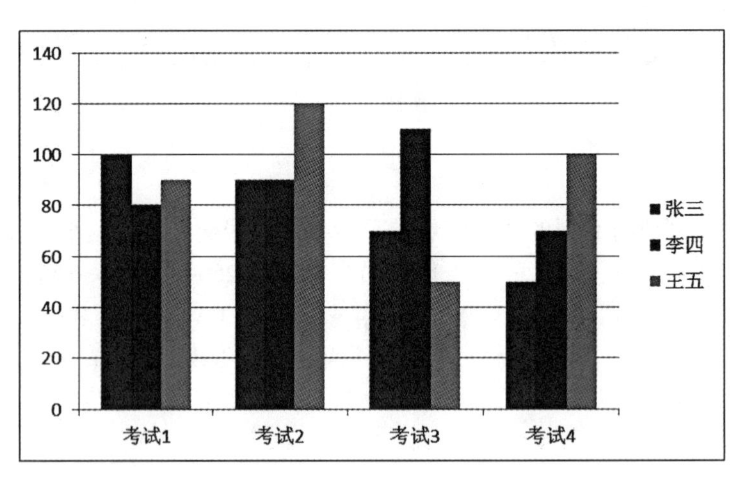

图 4.3

Excel 2010 中，图表有二维和三维两种类型。每种类型的图表都有柱形图、条形图、折线图、饼图等多种表现形式。图表将工作表中枯燥的数据信息以生动的图形表现，当工作表中的数据发生变化时，图表也随之变化。

4.1.2　Excel 2010 的启动与退出

使用 Excel 2010，应先启动它，然后才能制作各种电子表格，工作完成后，应退出软件。

1. Excel 2010 的启动

启动 Excel 2010 有以下几种方法：

- 选择“开始”菜单下的“程序”区菜单，然后选择其级联菜单中的“Microsoft Excel”命令。
- 双击 Excel 2010 文档图标。
- 选择 Excel 2010 文档后，按回车键。

用前一种方法启动 Excel 2010 后，打开一个空 Excel 2010 文档；用后一种方法启动 Excel 2010 后，打开一个指定的 Excel 2010 文档。

2. Excel 2010 的退出

退出 Excel 2010 有以下几种方法：

- 单击 Excel 2010 窗口的关闭按钮。
- 选择“文件”菜单下的“退出”命令。
- 按 Alt+F4 键。

退出 Excel 2010 时，如果还有文件没有保存，则 Excel 2010 会出现如图 4.4 所示的对话框，提示用户保存文件。

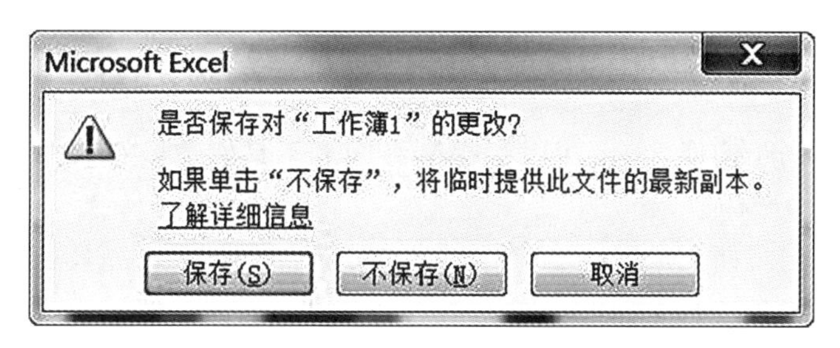

图 4.4

在该对话框中，可进行以下操作。

单击“保存(S)”按钮，保存文件并且退出 Excel 2010。

单击“不保存(N)”按钮，不保存文件并且退出 Excel 2010。

单击“取消”按钮，或者按 Esc 按键不退出 Excel 2010。

4.1.3　Excel 2010 的窗口组成

Excel 2010 的窗口由标题栏、菜单栏、工具栏、编辑栏、列标、行标、工作区、工作表标签区、状态行组成。编辑栏中包括名称框、取消输入钮、确定输入钮、输入公式函数钮和编辑框，如图 4.5 所示。

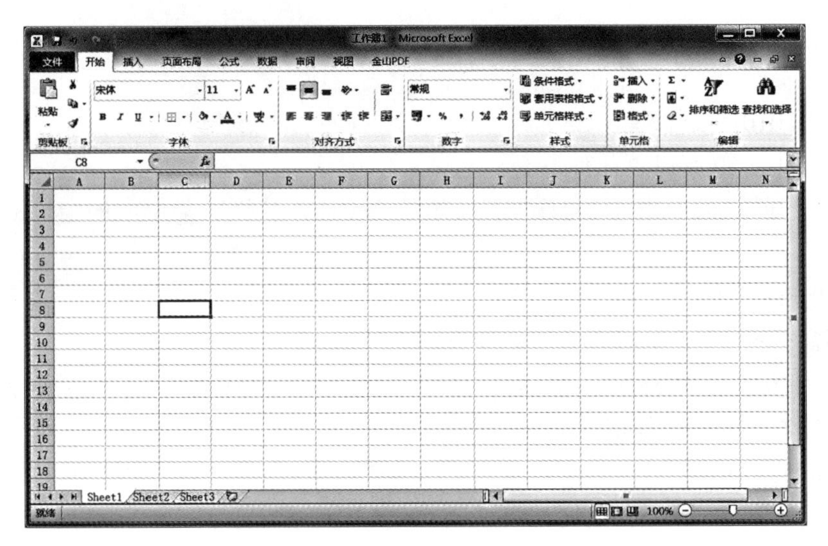

图 4.5

标题栏显示当前工作簿文件名。Excel 默认的文件名为“工作簿 1”，扩展名为“. XLS”，保存文时可以更换文件名。

菜单栏包括以下菜单：

①“文件”菜单包括与文件操作有关的命令，例如，打开、保存、打印、属性等。

②“编辑”菜单包括与工作表或表内具体数据有关的复制、剪贴、粘贴、删除、移动等命令。

③“视图”菜单用于切换 Excel 视图、控制界面上工具栏、按钮的隐显，以及标尺、段落、页眉、页脚等的操作。

④“插入”菜单用于插入单元格、工作表、特殊字符、图像、链接等对象。

⑤“格式”菜单用于控制工作表、单元格等的数据格式。

⑥“工具”菜单提供拼写、自动更正、自定义 Excel 工作方式等选项。

⑦“数据”菜单用于对数据进行排序、汇总等操作。

⑧“窗口”菜单用于控制窗口方式。

⑨“帮助”菜单用于查看版权信息，以主题及索引两种方式为用户提供帮助、检测与修复功能等。

4.1.4 Excel 2010 的基本操作

Excel 2010 的基本操作有：工作簿的基本操作、工作表的基本操作、单元格的基本操作。

1. 工作簿的基本操作

(1)新建工作簿。

新建工作簿就是建立新的 Excel 2010 文档，可用下列方法进行。

- 调用 Excel 2010 时，Excel 2010 会自动新建一个空白工作簿。
- 单击“新建”命令新建立空白工作簿。
- 选择“文件”菜单下的“新建”命令，弹出如图 4.6 所示的“新建”对话框，若创建一个空白工作簿，则单击该对话框的“常用”标签，然后双击“工作簿”图标；若创建基于模板的工作簿，则单击该对话框的“电子表格模板”标签或“自定义模板”标签，然后双击希望创建的工作簿类型。

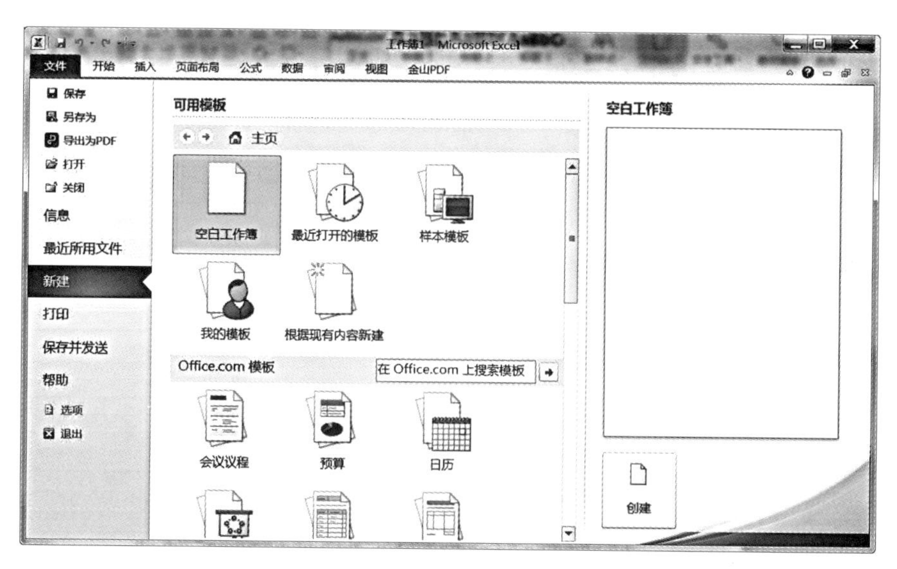

图 4.6

(2)打开工作簿。

按 Ctrl+O 键或单击“打开”工具按钮或选择“文件”菜单下的“打开”命令，弹出“打开”对话框，在该对话框中选择要打开的工作簿的位置和文件名，然后单击该对话框中的“打开”按钮或者双击要打开的工作簿名即可打开工作簿。一次可以打开多个工作簿。在 Excel 2010 的“文件”菜单的底部列出了最近使用过的工作簿文件名，选择相应的工作簿文件名即可打开该文件。

(3)保存工作簿。

保存工作簿可分为下面几种情况：

①首次保存工作簿。按 Ctrl+S 键或单击“保存”工具按钮或选择“文件”菜单下的“保存”命令，弹出如图 4.7 所示“另存为”对话框，在该对话框中的“文件名”框内输入文件名，在“位置”框内输入存放文件的文件夹，单击“确定”按钮。可以在保存工作簿时为其设置一个口令，以防上被非法打开或修改。方法是：出现“另存为”对话框后，单击对话框左侧的“工具”按钮，出现如图 4.8 所示“保存选项”对话框，在“打开权限密码”和“修改权限密码”列表框中输入口令并按 Enter 键，在“确认密码”对话框中重新输入口令并按回车键，单击“确定”按钮退出“保存选项”对话框，单击“保存”按钮。

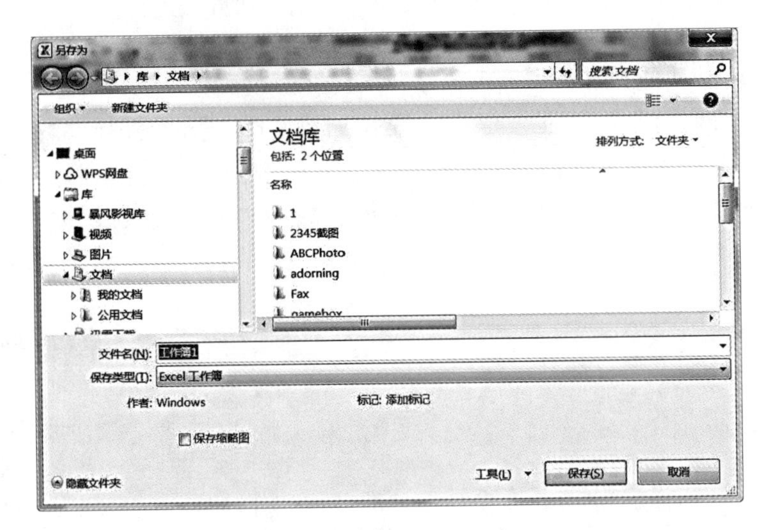

图 4.7

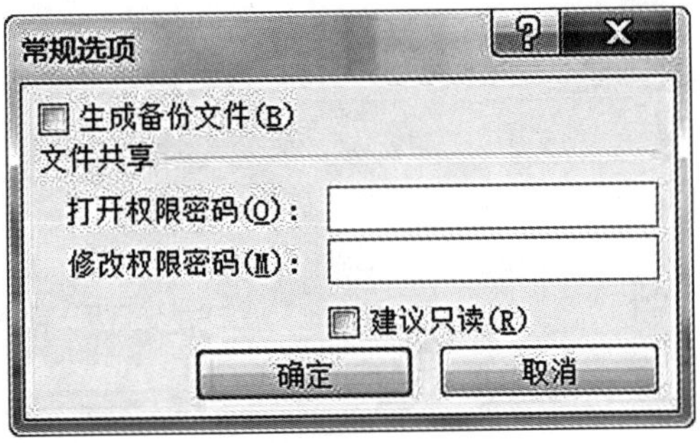

常规选项

生成备份文件(B)

文件共享

打开权限密码(O):

修改权限密码(M):

建议只读(R)

确定　取消

图 4.8

②非首次保存工作簿。按 Ctrl+S 键或单击“保存”工具按钮或选择“文件”菜单下的“保存”命令。

③在工作时自动保存工作簿。选择“审阅”菜单中的“共享工作簿”命令，弹出如图 4.9 所示“共享工作簿”对话框，在该对话框中选取“编辑”标签，并设置“允许多用户同时编辑，同时允许工作簿合并”，再选择“高级”标签，设置“自动更新间隔”，并输入或选择“时间”值，单击“确定”按钮。

(4)切换工作簿。

Excel 2010 中如果打开了若干个工作簿文件，每个工作簿文件对应一个窗口，即每个作簿文件对应一个任务，则有两种方法在打开的工作簿文件间切换。

- 在 Excel 2010 的“窗口”菜单中选择相应的工作簿文件名。
- 在 Windows 7 任务栏上单击相应的任务按钮。

2. 工作表的基本操作

Excel 2010 新建的工作簿中包含 3 个默认的工作表，分别是 Sheet1、Sheet2、Sheet3。

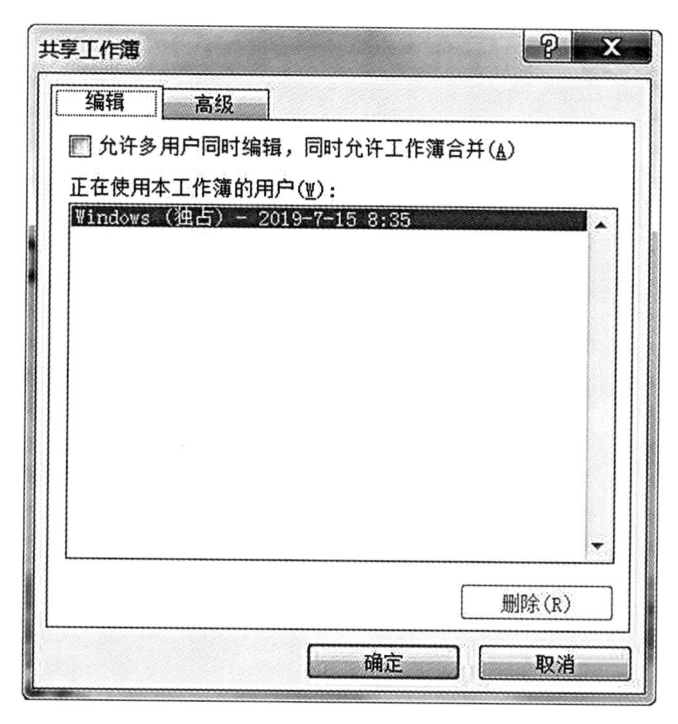

图 4.9

在 Excel 2010 中可以完成新建工作表、删除工作表、工作表改名、切换工作表等基本操作。

(1)新建工作表。

在 Excel2000 中，新建工作表有两种方法。

- 选择“插入”菜单下的“工作表”命令。
- 用鼠标右键单击工作表标签，在弹出的快捷菜单中选择“插入”命令。

新建工作表后，系统自动将其作为当前工作表，并按顺序命名为 Sheet?（? 代表一个数字）。

(2)增加工作表数目。

要增加工作表数目，则选择“工具”菜单下的“选项”命令，在弹出的对话框中选择“常规”标签，在“新工作簿内的工作表数”列表框中键入所需的工作表数目，如图 4.10 所示。若插入新工作表，则选择“插入”菜单下的“工作表”命令即可在当前工作表之前插入一个新的工作表。

(3)移动或复制工作表。

要移动工作表，只需用鼠标左键单击要移动的工作表的标签，然后拖动到新的位置即可。若要复制工作表，则需先选定工作表，按下 Ctrl 键，然后拖动工作表到新位置。也可使用“编辑”菜单下的“移动或复制工作表”命令，出现如图 4.11 所示的对话框，然后拖动工作表到新位置。可将选定工作区移动到当前工作簿的某一工作表前，也可将它移动到另

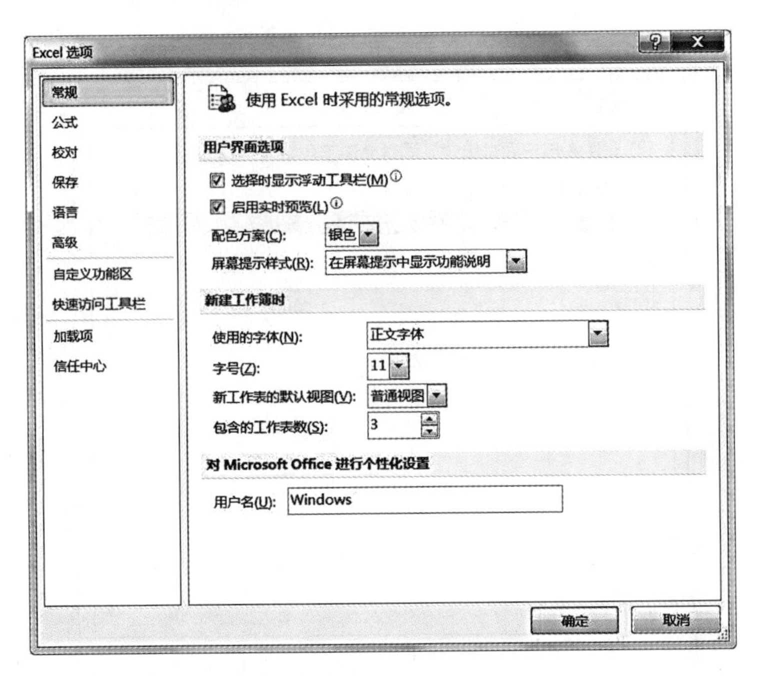

图 4.10

一打开的某一工作簿中。若选择图 4.10 中的“建立副本”项，则可复制工作表。

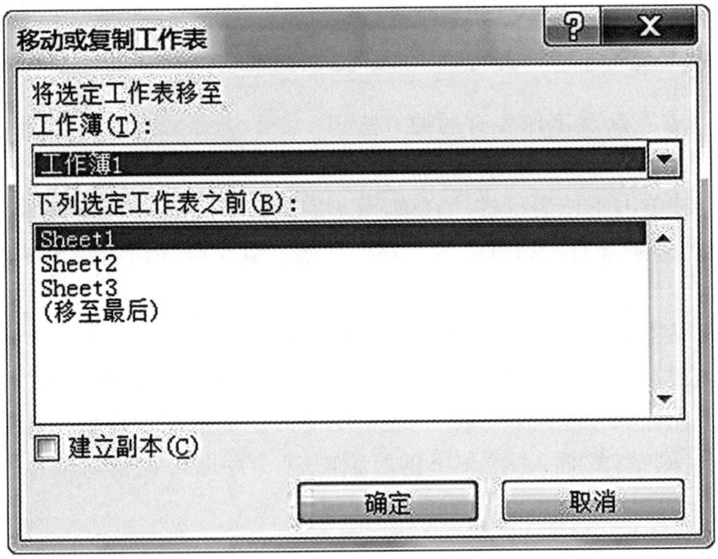

移动或复制工作表
将选定工作表移至
工作簿(T):
工作簿1
下列选定工作表之前(B):
Sheet1
Sheet2
Sheet3
(移至最后)
建立副本(C)
确定
取消

图 4.11

(4)删除工作表。

要删除工作表，则先单击所要删除的工作表，然后选择“编辑”菜单中的“删除工作表”命令或单击鼠标右键后，在快捷菜单中选择“删除”命令，在弹出的对话框中单击“确定”按钮。

(5)隐藏或显示工作表。

隐藏工作表，则先单击需要隐藏的工作表，再选择“格式”菜单下的子菜单“工作表”中的“隐藏”命令，要取消工作表隐藏，则选择“格式”菜单下的子菜单“工作表”中的“取消隐藏”命令，单击“确定”按钮。

(6)调整工作表的显示比例。

要调整工作表的显示比例，可单击“显示比例”工具按钮，在其下拉列表框中选取所需的显示比例。

(7)为工作表设置背景图案。

单击要添加背景的工作表标签，单击“格式”菜单下的“工作表”子菜单中的“背景”命令，弹出“工作表背景”对话框，在该对话框中选择使用背景的图形文件，然后单击“打开”按钮。若要删除背景图案，则先单击要取消背景的工作表，然后选择“格式”菜单下的“工作表”子菜单中的“删除背景”命令。

(8)为工作表设置保护措施。

为防止别人修改工作表数据，可用以下方法保护工作表：选择“工具”菜单的“保护”子菜单中的“保护工作表”命令，在弹出的“保护工作表”对话框中选定要保护的“内容”“对象”，或者“方案”等选项；在“口令”框里输入一个口令(注意：口令区别字母的大小写)，并按计算机的要求重新输入这个口令，以确保口令正确；然后单击对话框中的“确定”按钮。

(9)工作表改名。

在 Excel 2010 中，为工作表改名有以下两种方法。

- 用鼠标右键单击工作表标签，在弹出的快捷菜单中选择“重命名”命令。
- 双击工作表标签。

执行以上任一操作，系统都会让用户在工作表标签处输入新的工作表名。输入工作表名后按回车键，或在工作表标签外单击鼠标，工作表名即被更改。如果按 Esc 键，则取消工作表重命名，工作表名不变。

(10)切换工作表。

单击工作表标签，则对应的工作表成为当前工作表。当前工作表标签的底色为白色，非当前工作表标签的底色为灰色。

3. 单元格的基本操作

(1)激活单元格。

对某一单元格进行操作，必须先激活该单元格，使之成为活动单元格。要对某些单元格进行统一处理(如设置字体、字号等)，就需要选定这些单元格。活动单元格的边框比其他单元格的边框粗黑一些。新工作表默认 A1 单元格为激活单元格。用鼠标左键单击可激活单元格。用键盘的光标键也可改变活动单元格的位置、鼠标指针在工作表中的形状是“白十字”时，单击任一单元格，就会使该单元格成为活动单元格。如果单元格不在窗口中，则可以通过水平或垂直滚动条滚动窗口，使被激活的单元格出现在窗口中。

(2)选定单元格。

被选定的单元格的底色为浅蓝色。实际应用中，最常用的是选定矩形单元格区域。可用以下几种方法选定矩形区域。

- 拖动鼠标指针从一单元格到另一单元格，选定以这两个单元格为对角线的矩形区域。
- 单击一单元格，按住 Shift 键，再单击另一单元格，选定以这两个单元格为对角线的矩形区域。
- 按住 Shift 键移动鼠标指针，选定以开始单元格和结束单元格为对角线的矩形区域。

选定一行、一列或整个工作表，可用以下方法完成：

- 用鼠标单击工作表的行号，选定该行。
- 用鼠标单击工作表的列号，选定该列。
- 按 Ctrl+A 键选定整个工作表。
- 单击全选按钮(行号与列号交叉处的空白按钮)，选定整个工作表。

在实际工作中，还可以选定多个区域，其方法是：当选定一个区域后，再按住 Ctrl 键，依次选定其他各区域，即可选定多个区域，如图 4. 12 所示。

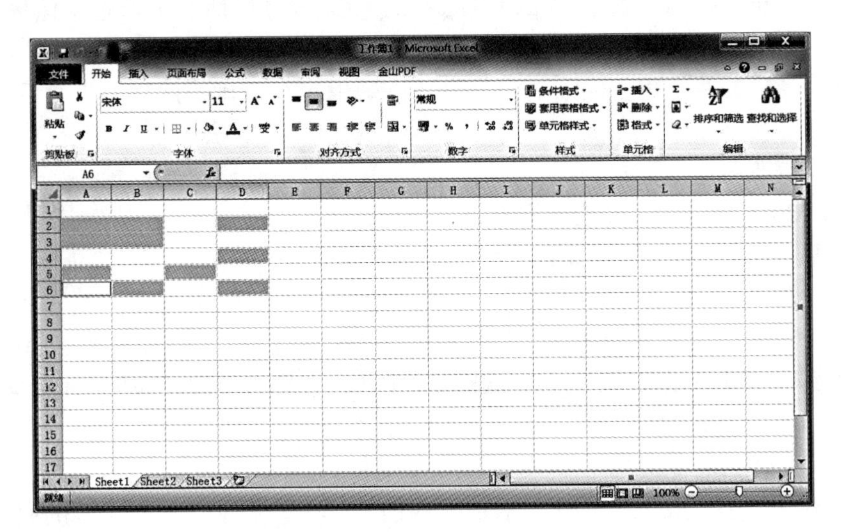

图 4. 12

选定单元格后，在工作表单击任意一个单元格，或者用鼠标任意移动一下指针，即可取消所做的选定操作。

有时候，选择的内容具有条件性，例如，想选择工作表中所有的空格或者所有的公式等。此时的方法是选择所需"条件"选择的区域，然后选择"编辑"菜单的"定位"命令，在所弹出的对话框中选择"定位条件"，在打开的"定位条件"对话框中选择所需条件，例如，若选"空值"项，则会选择空的单元格；若选"常量"项，则不会选择公式项。

(3)单元格内光标定位。

在单元格内定位输入光标时，要用鼠标双击单元格，或单击单元格然后按 F2 键，或将光标定位在编辑栏中；出现“ | ”光标后，使用键盘上的左右方向键将光标定位。

(4)单元格输入数据。

输入数据时，总是只能往活动单元格内输入，单元格内的数据通常有文本型、数值型和日期时间型，每种类型都有其输入规则。Excel 2010 能自动识别所输入的数据类型，并进行转换。

①输入文本数据，文本数据用来表示一个名字或名称，可以是汉字、英文字母、数字、空格等键盘输入的符号，文本数据仅供显示或打印用，不能进行算术运算。输入文本数据时，可直接输入。如果把输入的数字数据作为文本，则应先输入一个英文单引号(‘)；若要在一个单元格内输入分段内容，则按 Alt+Enter 键表示一段结束。

如果文本数据长度不超过单元格宽度，则数据在单元格内自动左对齐。如果文字长度超出单元格宽度，当右边单元格无内容时，则扩展到右边列显示；当右边单元格有内容时，根据单元格宽度截断显示，如图 4. 13 所示。

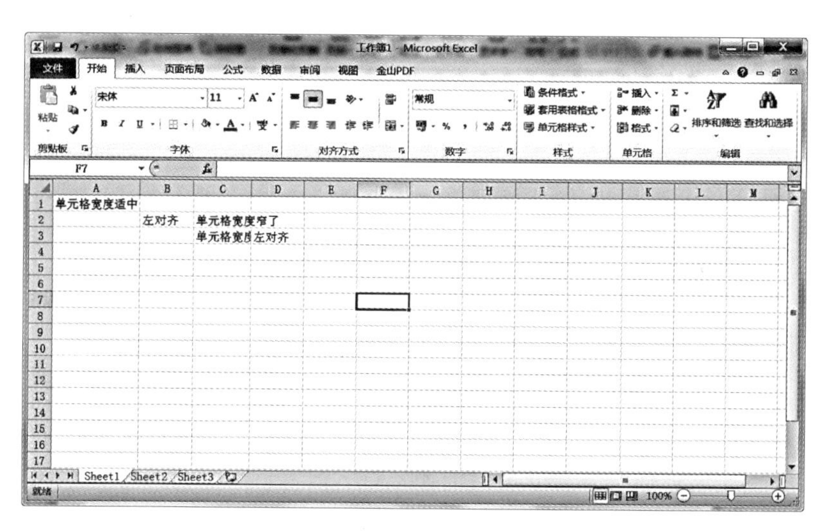

图 4. 13

②输入数值数据。数值数据表示一个有大小值的数，可以进行算术运算，可以比较大小。Excel 2010 中的数值数据可以用以下几种形式输入：整数形式(如100)、小数形式(如 3. 14)、分数形式(1/2，等于 0. 5)、百分数形式(10%，等于 0. 1)、科学记数形式(如 1. 2E3，等于 1200)。

输入数值数据时，还可以带以下符号：正负号(如 + 100，-50)、带分隔符(如 10，000)、带货币符号(如 ¥100，$200)。

如果输入的数带有正号，系统会自动将其去掉；如果输入一个用小括号括起来的正数系统当作有相同绝对值的负数对待，例如，输入“(100)”，单元格内的数是“-100”。输入分数时，如果没有整数部分，则系统往往将其作为日期数据。只要将“0”作为整数部分加上，就可避免这种情况，图 4. 14 所示的是几种数值的转换。

	A	B
1	输入	显示
2	+100	100
3	(100)	-100
4	1/5	1月5日
5	0 1/2	1/2
6	1 1/2	1 1/2

图 4. 14

如果数值数据的长度不超过单元格的宽度，数据在单元格内自动右对齐，数值数据的长度超过单元格的宽度或超过 15 位时，数据自动以科学记数形式表示，当科学记数形式仍然超过单元格的宽度时，单元格内显示“####”，但可以通过调整列宽将其显示出来，图 4. 15 所示的是数“1234567890”在不同宽度的单元格内的显示。

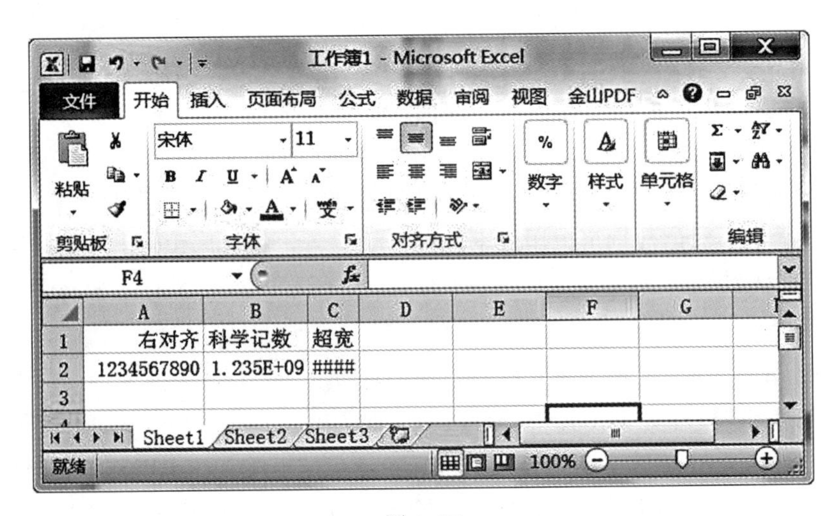

	A	B	C
1	右对齐	科学记数	超宽
2	1234567890	1. 235E+09	####

图 4. 15

③输入日期、时间。输入日期格式有以下 6 种："月/日""月-日""×月×日""年月/日""年-月-日""×年×月×日"。

按前 3 种格式输入，默认的年份是系统时钟的当前年份，显示形式是"×月×日"。按后 3 种格式输入，年份可以是 2 位(00-29 表示 2000-2029，30-99 表示 1930-1999)，也可以是 4 位，显示格式是"年-月-日"，显示年份是 4 位，按"Ctrl+"；键，输入系统时钟的当前日期。

日期在单元格内自动右对齐，如果日期数据的长度超过单元格的宽度，单元格内显示"#####"，但可以通过调整列宽将其显示出来。

输入时间的格式有以下 6 种："时：分""时：分 AM""时：分 PM""时：分：秒""时：分：秒 AM""时：分：秒 PM"。

时间格式中"AM"表示上午，"PM"表示下午，它们前面必须有空格，带"AM"或"PM"的时间，小时数的取值范围为 0~12。不带"AM"或"PM"的时间，小时数的取值范围为 0~23。按"Ctrl+Shift+"；键，输入系统的当前时间。

时间按输入的形式显示，如果输入的"AM"或"PM"是小写，自动转换成大写。如果时间数据的长度不超过单元格的宽度，数据在单元格内自动右对齐，如果日期数据的长度超过单元格的宽度，单元格内显示"###"，通过调整列宽可以将其显示出来。

单元格内输入数据有 3 种不同的方式：

• 在活动单元格内输入数据。当激活一个单元格后，可以在单元格内输入数据。所输入的数据在单元格和编辑栏内同时显示。

• 在选定单元格区域输入数据。当选定单元格后，如果再输入数据，则只能在选定的单元格内输入。输入完一个单元格后，若按 Tab 键，转到单元区域内下一列的单元格输入；若按 Enter 键，转到单元格区域内下一行的单元格输入。当输入到单元格区域边界后，自动转到下一行或下一列的开始处输入。

• 不同单元格内输入相同数据。如果需要在不同的单元格一次输入相同的数据，则先选定这些单元格，然后输入数据。输入完后，再按"Ctrl+Enter"键，这样所选定的单元格内的数据都是刚输入的数据。

(5)单元格的命名。

若要经常使用一个或几个单元格，就应该给这些单元格起一个名字。有两种为单元格命名的方法，

• 选择要命名的单元格，用"插入"菜单的"名称"子菜单中的"定义"命令输入名称。

• 选择要命名的单元格，单击编辑栏中的名称框，输入一个名字。在给单元格命名时，名称的第一个字符必须是字母或下划线，名称中不能有空格，且不能与单元格引用相同。

(6)单元格输入公式。

Excel 2010 的一个强大功能是可在单元格内输入公式，系统自动显示计算结果。公式可以是一个运算式，也可以是一个内部函数；参数运算的数据可以是常数，也可是单元格

引用。要正确输入公式，应先理解单元格引用、单元格区域引用、运算符、内部函数这几个概念。

①单元格引用。单元格引用就是单元格地址。单元格地址有相对地址、绝对地址、混合地址 3 种类型。

相对地址仅包含单元格的列号与行号，如 A1、B4。相对地址是 Excel 2010 默认的单元格引用方式。在复制或移动公式时，系统根据移动的位置自动调节公式中的相对地址。例如，若 C2 单元格中的公式是"A2+B2"，如果将 C2 的公式复制到 C3 单元格，C3 单元格的公式自动调整为"A3+B3"。

绝对地址是在列号与行号前均加上"＄"符号的地址，如＄A＄1，＄B＄4，在复制或移动公式时，系统不会改变公式中的绝对地址。例如，若 C2 单元格中的公式是"＄AS2+＄B＄2"，则当将 C2 的公式复制到 C3 单元格时，C3 单元格中的公式仍然为"＄A＄2+＄B＄2"。

混合地址是指在列号和行号之前加上"＄"符号的地址，如＄A1，＄B4。在复制或移动公式时，系统改变公式中的绝对部分(不带"＄"者)，不改变公式中的绝对部分(带"＄"者)。例如，若 C2 单元格中的公式是"＄A2+B＄2"，当将 C2 的公式复制到 C3 单元格时，C3 单元格的公式变为"＄A3+C＄2"。

②单元格区域引用。单元格区域引用是单元格区域的地址，单元格区域引用包括 3 部分：区域左上角单元格地址、英文冒号、区域右下角单元格地址，例如，A1：F4。

③运算符。公式中常用的运算符有：算术运算符和文本运算符。

算术运算符包括：+(加)、-(减)、*(乘)、/(除)、%(百分比)、^(乘方)，例如：3H2=5、3-2=1、3*2=6、3/2=1.5、3%=0.03、3^2=9。算术运算符的优先级由高到低为%、^、*和、+和-。如果优先级相同，则按从左到右的顺序计算。

文本运算符只有一个"&"，常称为文本连接符，用来连接文本数据或数值。例如："计算机"&"应用"的结果是"计算机应用"，"12"&"34"的结果是"1234"，"总成绩是"&"234"的结果是"总成绩是 234"。

公式中如果同时出现算术运算符和文本运算符，则先进行算术运算后再进行文字连接。如："总分是"&"87+88+89"，其结果是"总分是 264"。

④内部函数。Excel 2010 提供了近 200 个内部函数，用来完成特定的运算或处理。下面介绍最常用的几个函数 SUM、AVERAGE、MAX、MIN、LEFT、RIGHT。

- SUM 函数。SUM 函数用来将各参数累加求和。参数可以是几个数值常量，也可以是一个单元格引用，还可以是一个单元格区域引用。例如：

SUM(1，2，3)用于计算 1+2+3，结果是 6。

SUM(A1，A2，A3)用于求 A1，A2 和 A3 单元格中数的和。

SUM(A1：B4)用于求 A1：B4 区域单元格中数的和。

- AVERAGE 函数。AVERAGE 函数用来求各参数中数值的平均值。要求参数与 SUM 一致，可以是几个数值常量，也可以是几个单元格引用，还可以是一个单元格区域引用。

AVERAGE(1，2，3)用来计算 1、2 和 3 的平均值，结果为 2。

AVERAGE(A1，A2，A3)用来求 A1、A2 和 A3 单元格中数的平均值。

AVERAGE(A1：B4)用来求 A1：B4 区域单元格中数的平均值。

• MAX 函数。MAX 函数用来求各参数中数值的最大值。要求参数与 SUM 一致，可以是几个数值常量，也可以是几个单元格引用，还可以是一个单元格区域引用。例如：

MAX(1，2，3)用来计算 1、2 和 3 的最大值，结果为 3。

MAX(A1，A2，A3)用来求 A1、A2 和 A3 单元格中数的最大值。

MAX(A1：B4)用来求 A1、B4 区域单元格中数的最大值。

• MIN 函数。MIN 函数用来求各参数中数值的最小值。要求参数与 SUM 一致，可以是几个数值常量，也可以是几个单元格引用，还可以是一个单元格区域引用。例如：

MIN(1，2，3)用来计算 1、2 和 3 的最小值，结果为 1。

MIN(A1，A2，A3)用来求 A1、A2 和 A3 单元格中数的最小值。

MIN(A1：B4)用来求 A1：B4 区域单元格中数的最小值。

• LEFT 函数。LEFT 函数用来取文本数据左边若干个字符。有两个参数，第一个是文本常量或单元格地址，第二个是整数，表示要取字符的个数。Excel 2010 中，一个汉字当作一个字符处理。例如：

LEFT("计算机科学"，3)用于取"计算机科学"左边 3 个字符，结果为"计算机"。

LEFT(A1，3)用于取 A1 单元格中文本数据左边的 3 个字符。

• RIGHT 函数。RIGHT 函数用来取文本数据右边若干个字符。参数与 LEFT 函数的相同，第一个是文本常量或单元格地址，第二个是整数，表示要取字符的个数。例如：

RIGHT("计算机科学"，2)表示取"计算机科学"右边 2 个字符，其结果为"科学"。

RIGHT(A1，2)表示取 A1 单元格中文本数据右边的 2 个字符。

⑤公式输入方法。Excel 2010 中的公式可以是一个或多个运算，也可以是一个 Excel 2010 内部函数。输入完公式后，系统自动在单元格内显示计算结果。如果公式中有单元格引用，则当相应单元格中的数据变化时，公式的计算结果也随之变化。

输入公式时，必须先输入一个等于号"="，然后再输入公式。如果不输入等于号，则系统把输入的公式作为文本数据。

(7)自动求和。

求和计算是一种最常见的计算，因此，Excel 提供了自动求和按钮，用于对活动单元格上方或左侧的数据进行自动求和计算。

自动求和按钮的使用方法如下：

将鼠标指针放在存放求和结果的单元格上，单击工具栏上的自动求和按钮，Excel 将自动调出求和函数 SUM 以及求和数据区域，此时，可在工作表中拖动鼠标指针选择需求和的单元格，或修改编辑框的公式，最后按 Enter 键或单击编辑栏中的"输入"按钮，则求和结果会填入所选的单元格中，如图 4.16 所示。

求出一个和值后，可拖动填充柄到结束单元格，则系统自动完成复制公式操作。

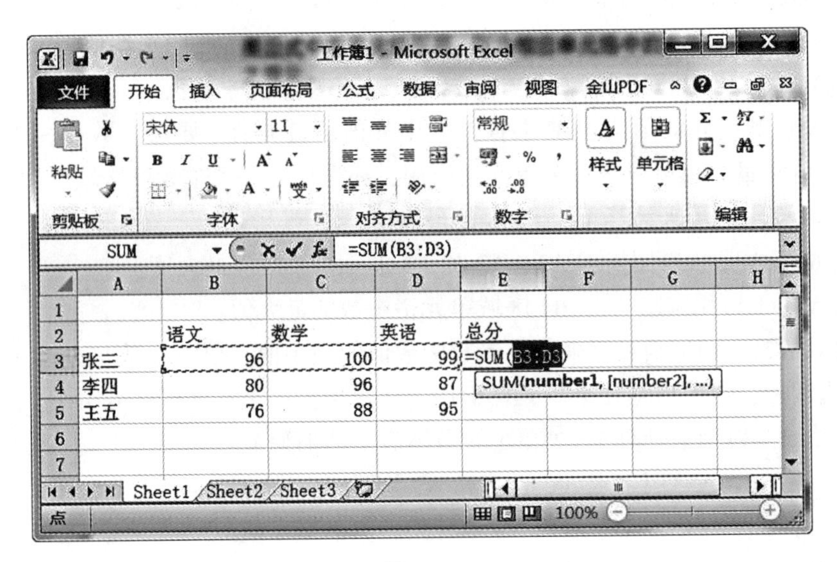

图 4.16

(8)单元格自动填充。

如果某行或某列为有规律的数据，则可使用自动填充功能来完成。有 4 类数据可以填充：重复数据、数列、日期序列、内置序列。

①重复数据。如果一行或一列的数据是重复的，则只要先输入一段，并选定这一段后，再拖拉填充柄(如图 4.17 所示)到结束单元格，系统就自动完成填充操作，结果如图 4.18 所示。

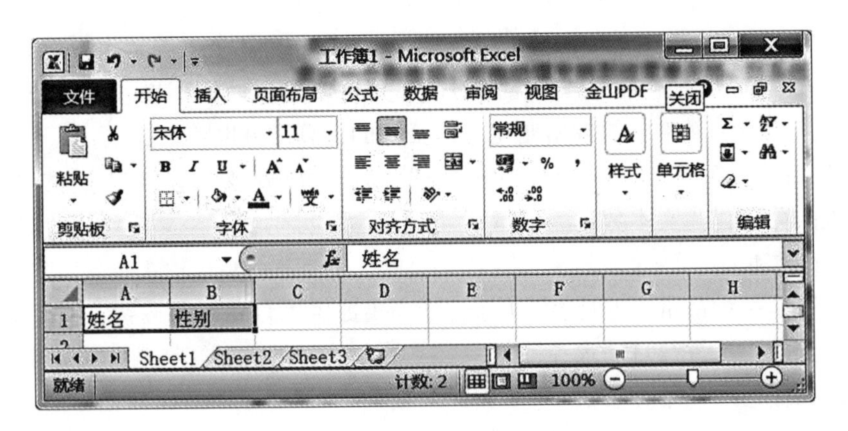

图 4.17

②数列。如果一行或一列的数据为等差数列，则只要输入前两项，并选定它们，然后拖动填充柄到结束单元格，系统就自动完成填充操作。

如果一行或一列的数据为等比数列，则只要输入前两项，选定它们，然后用鼠标右键

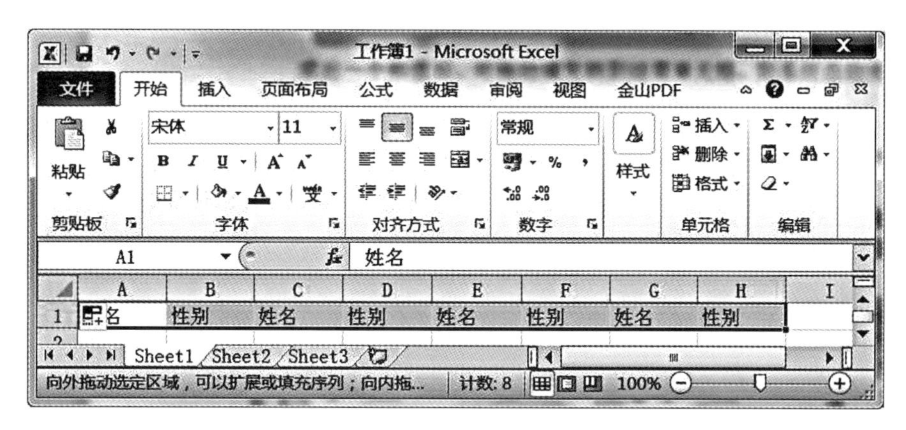

图 4. 18

拖动填充柄到结束单元格，在弹出的快捷菜单中选择“等比数列”命令，如图 4. 19 所示，系统就自动完成填充操作。

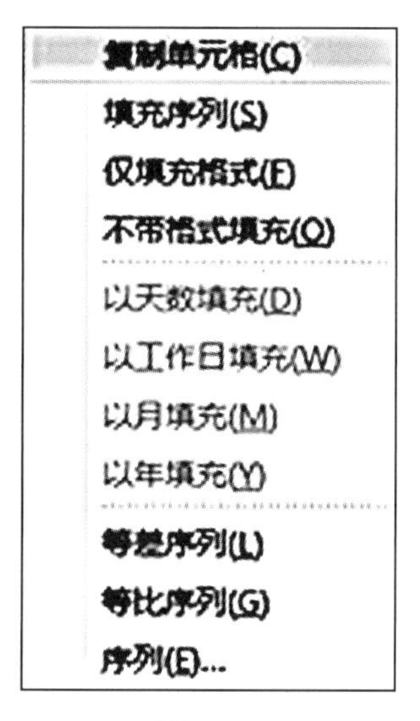

图 4. 19

③日期序列。如果一行或一列的数据为日期序列，则只要输入开始日期并选定，然后拖动填充柄到结束单元格，系统就自动完成填充操作，日期序列以一天为步长。

如果不希望以一天为步长，则可以输入两个日期并选定，然后拖动填充柄到结束单元格，系统就自动完成填充操作，以两个日期相差的天数为步长。如果两个日期的日数相同，则系统自动以两个日期相差的月数为步长；如果两个日期的月、日相同，则系统自动以两个日期相差的年数为步长。

④内置序列。如果一行或一列的数据为 Excel 2010 定义的序列，则只要输入第一项，并选定它，然后拖动填充柄到结束单元格，系统就自动完成填充操作。

以下是 Excel 2010 定义的序列。

Sun、Mon、Tue、Wed、Thu、Fri、Sat

Sunday、Monday、Tuesday、Wednesday、Thursday 、Friday、Saturday

Jan、Feb、Mar、Apr、May、Jun、Jul、Aug、Sep、Oct、Nov、Dec

January、February、March、April、May、June、July、August、September、October、November、December

日、一、二、三、四、五、六

星期日、星期一、星期二、星期三、星期四、星期五、星期六

一月、二月、三月、四月、五月、六月、七月、八月、九月、十月、十一月、十二月

正月、二月、三月、四月、五月、六月、七月、八月、九月、十月、十一月、腊月

第一季、第二季、第三季、第四季

子、丑、寅、卯、辰、巳、午、未、申、酉、戌、亥

甲、乙、丙、丁、戊、己、庚、辛、壬、癸

⑤自定义序列。选择“工具”菜单中的“选项”命令，在弹出的对话框中单击“自定义序列”标签，在“输入序列”列表中分别输入序列的每一项，单击“添加”按钮，则将所定义的序列添加到“自定义序列”列表中；或单击“导入序列所在单元格”中的选择区域按钮，在表格区域选择所需单元格后按 Enter 键返回，单击“导入”按钮将它填入“自定义序列”列表中；单击“确定”按钮退出对话框。定义好自定义序列后，在需要填写数据的单元格内输入自定义序列中的任一项，并选取它，然后拖动填充柄到结束单元格，系统自动完成填充操作。

4.2 工作表的编辑与格式化

对工作表的编辑实际上就是对工作表中单元格的编辑。

4.2.1 单元格内容的编辑

在单元格内输入内容后，就可以删除或修改内容、移动内容到其他单元格、复制已输入的内容、查找某个内容、把某一内容统一替换为另一内容。如果编辑过程中出现误操作，可以撤销操作，撤销过的操作还可以再被恢复。

1. 删除

如果不需要某个或某些单元格，则先选定要删除的一个或多个单元格，然后用以下方法删除单元的内容。

- 按 Del 键。
- 选择“编辑”菜单下的“清除”子菜单中的“内容”命令。

2. 修改内容

要修改单元格的内容，有两种方法：编辑栏内修改和单元格内修改。

- 编辑栏内修改内容的方法是：先选定单元格，再单击编辑栏，然后在编辑栏内进行修改，修改完后，单击编辑栏左边的“输入”按钮或按 Enter 键或 Tab 键确认修改，若单击编辑栏左边的“取消”按钮或按 Esc 键则取消修改。

• 单元格内修改内容的方法是：双击单元格，然后在单元格内进行修改，修改完后，单击编辑栏左边的“输入”按钮或按 Enter 键或 Tab 键确认修改，若单击编辑栏左边的“取消”按钮或按 Esc 键则取消修改。

3. 移动数据

在 Excel 2010 中移动数据有以下两种方法。

• 选定要移动的单元格，将鼠标指针放到选定单元格的边框上，拖动鼠标指针到目标单格。

• 选定要移动的单元格，先单击“剪切”按钮或按 Ctrl+X 键或选择“编辑”菜单下的“剪切”命令，再选定目标单元格，单击“粘贴”按钮或按 Ctrl+V 键或选择“编辑”菜单下的“粘贴”命令。

4. 复制数据

在 Excel 2010 中复制数据有以下两种方法。

①选定要移动的单元格，将鼠标指针放到选定单元格的边框上，按住 Ctrl 键的同时拉动鼠标指针到目标单元格。

②选定要移动的单元格，先单击“复制”按钮或按 Ctrl+C 键或选择“编辑”菜单下的“复制”命令，再选定目标单元格，单击“粘贴”按钮或按 Ctrl+V 键或选择“编辑”菜单下的“粘贴”命令。

移动或复制单元格中的数据有以下特点：

①移动或复制单元格的数据时，按原样移动或复制。

②移动或复制单元格的数据公式时，根据目标单元格地址自动调整公式中的相对地址或混合地址中的相对部分。

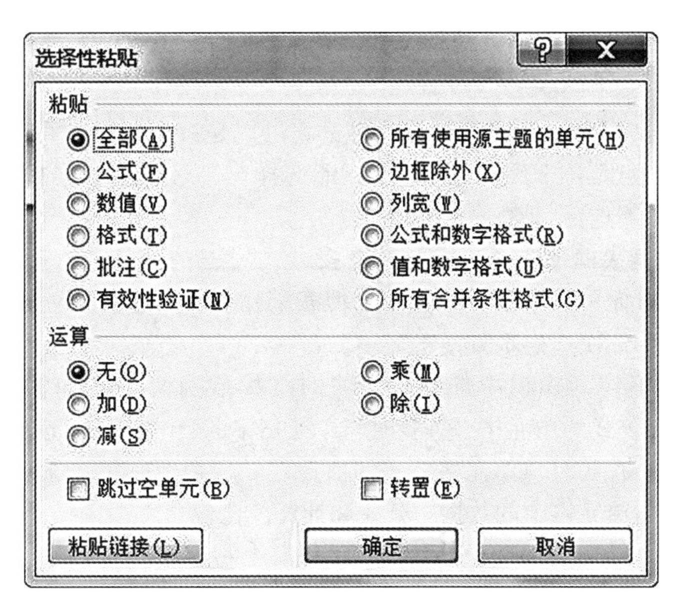

图 4. 20

5. 特殊的移动和复制

选定要移动、复制的源单元格，选择“编辑”菜单中的“剪切”或“复制”命令，将光标移到目的单元格处，选择“编辑”菜单中的“选择性粘贴”命令，然后在所弹出的如图 4. 20 所示的对话框中进行选择。若选择“数值”，则将源单元格的公式计算结果数值粘贴到目的单元格内；若选择“格式”，则将源单元格内的格式粘贴到目的单元格内；若选择“转置”，则将源列向单元格的数据沿行向进行粘贴。

6. 查找与替换

如果工作表很大，想快速确定某一数据的位置，也不需要手工逐个查找单元格，可以用查找命令自动完成，如果想把某一个内容统一替换成另一个内容，则不需要手工逐个替换，可以用查找替换命令自动完成。

查找与替换都是指从当前活动单元格开始搜索整个工作表，若只想搜索工作表的某部分，则应先选定相应的区域。

(1)查找。

选择“开始”中点击“查找”按钮或按 Ctrl+F 键，出现如图 4. 21 所示的“查找”对话框，在“查找”对话框中，可进行以下操作：

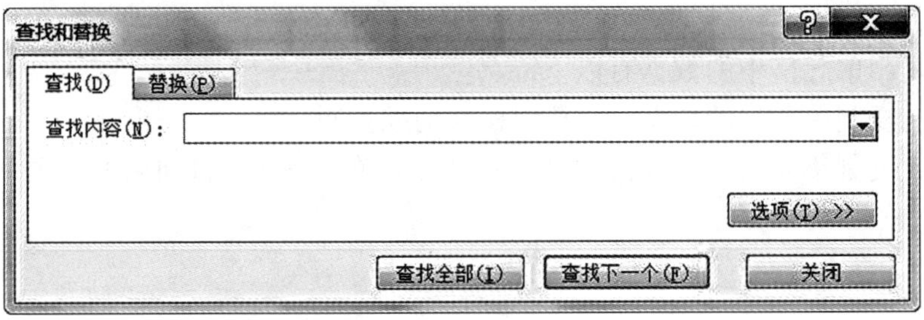

图 4. 21

在“查找内容”文字框输入要查找的内容，它可以是一个数据也可以是一个公式。如果是公式，则在“搜索范围”下拉列表框中只能选择“公式”；如果是数据，则在“搜索范围”下拉列表框中只能选择“值”。

在“选项”下拉列表框中选择所需要的查找方式(按行、按列)。若选择“按行”方式，则系统从当前活动单元格开始依次逐行水平搜索工作表。若选择“按列”方式，则系统从当前活动单元格开始依次逐列垂直搜索工作表。

在“搜索方式”下拉列表框中选择所需要的查找范围(公式、值、批注)。选择“公式”，则搜索内容是公式的单元格，查找时与单元格中的公式比较；选择“值”，则搜索内容是公式的单元格，查找时与单元格公式的值比较；选择“批注”，则查找时只与单元格中的批注比较，不与单元格中的数据、公式和计算值比较。

选择“区分大小写”复选框，则查找时区分大小写字母，否则，查找时不区分大小字母。

选择“单元格匹配”复选框，则只查找与查找内容完全相同的单元格，否则，查找包含查找内容的单元格。

选择“区分全/半角”复选框，则查找时区分全角与半角字符(如“,”)，否则，查找时不区分全角与半角字符。

单击“查找下一个”按钮，进行查找搜索，如果搜索到所查找的内容，则相应单元格变为当前活动单元格；如果没有搜索到所查找的内容，则系统给出如图 4.22 所示提示框。

图 4.22

单击“关闭”按钮则关闭“查找”对话框。

单击“替换”按钮，转换到“替换”对话框，如图 4.23 所示。

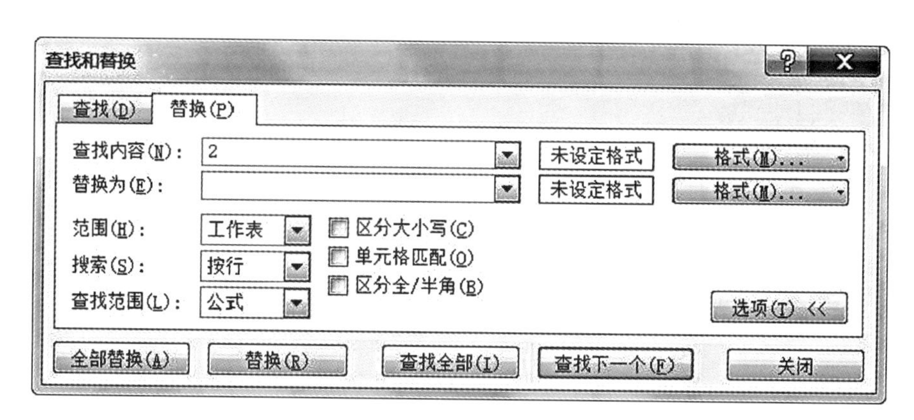

图 4.23

(2)替换。

选择“开始”菜单下的“查找和选择”命令或按 Ctrl+H 键，或在“查找”对话框中单击“替换”按钮，出现“替换”对话框。

①在“替换值”文字框中输入要替换的内容。

②单击“查找下一个”按钮，查找下一个要替换的内容。

③单击“替换”按钮，将“替换值”文字框中的内容替换查找到的内容，并自动查找下一个被替换的内容。

④单击“全部替换”按钮，将“替换值”文字框中的内容替换所有查找到的内容，在单击“替换”按钮前应先单击“查找下一个”按钮查找要替换的内容，否则系统会出现“找不到替换项”的提示框。

4.2.2 单元格的插入和删除

编辑工作表过程中，可以在工作表中插入一个、一行或一列单元格，还可删除一个、一行或一列单元格。

1. 删除单元格

选定所要删除的单元格，选择“开始”菜单中的“删除”命令，在弹出的如图 4.24 所示的对话框中选择删除后当前单元格移动的方向，然后单击该对话框中的“确定”按钮。

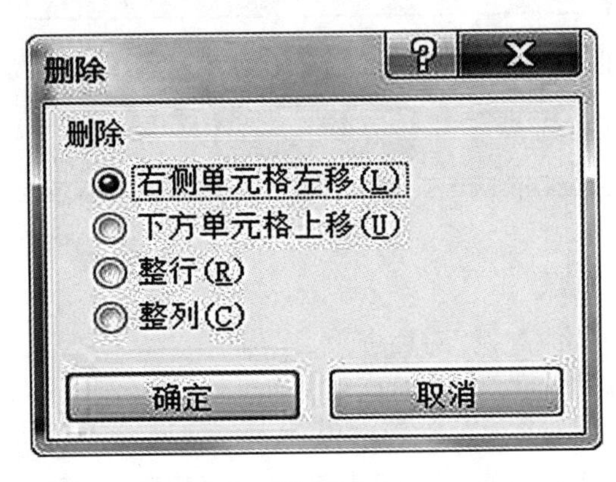

图 4.24

2. 插入单元格

选定要插入单元格的位置，再选择“插入”菜单中“单元格”命令，在弹出的如图 4.25 所示的“插入”对话框中选择插入单元格后当前单元格移动的方向。

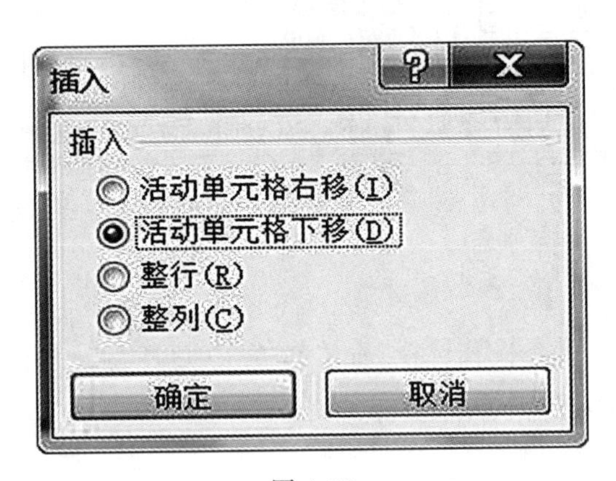

图 4.25

4.2.3 撤销与恢复操作

在编辑过程中，如果操作失误，可以撤销这些操作；被撤销掉的操作，还可以得到恢复。

1. 撤销操作

Excel 2010 把用户所做的所有操作都记录下来了，因此可以撤销掉先前的任何操作，但撤销操作只能从最近一步操作开始。

撤销最近一步操作，有以下两种方法。

- 单击位于标题栏的“撤销”按钮。
- 按 Ctrl+Z 键。

如果撤销最近的多步操作，可以单击“撤销”按钮旁的下拉按钮，在展开的下拉列表中选择要撤销掉的命令，系统会自动撤销这些操作。

2. 恢复操作

撤销过的操作在没有进行其他操作之前还可以恢复。恢复撤销有以下两种方法：

- 单击位于标题栏的“恢复”按钮。
- 按 Ctrl+Y 键。

如果恢复已撤销的多步操作，可以单击一旁的下拉按钮，在展开的下拉列表中选择要恢复的命令，系统会自动恢复这些操作。

4.2.4 工作表的格式化

格式化工作表主要包括行高、列宽的调整，数字的格式化，字体的格式化，对齐方式的设置，表格边框线及底纹的设置等。为提高格式化效率，Excel 还提供了一些格式化的快速操作方法：复制格式、使用样式、自动格式化、条件格式化。

1. 行高、列宽的调整

(1)用鼠标拖曳的方法设置行高、列宽。

当鼠标指针在行(列)标头格线处变为双向箭头状时，拖曳标头格线即可改变行高(列宽)。如果选取多行(列)，再拖曳标头格线，则可以设置多行(多列)的等高(等宽)。

(2)用菜单精确设置的方法设置行高、列宽。

将鼠标指针放在要设置的行(列)中任一单元格上，选择如图 4.26 所示“格式”菜单中的“行”或“列”子菜单中的“行高”或“列宽”命令，即可输入行高(列宽)的精确值。

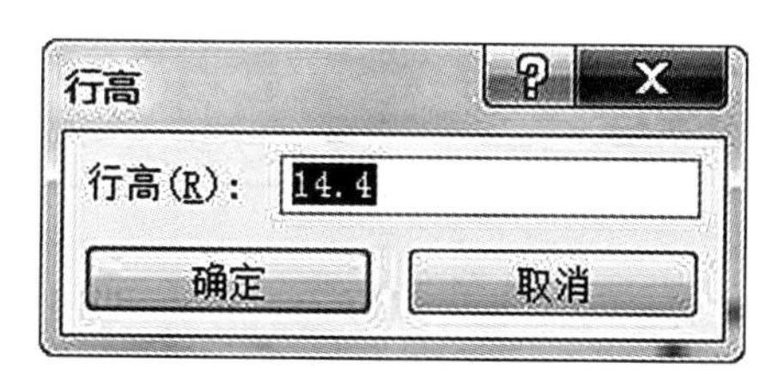

图 4.26

若要自动设置行高、列宽，则选定所要设置的行(列)，再选择“开始”→“单元格”→“格式”菜单中的“行”或“列”命令，然后选择其中的“最适合的行高”或“最适合的列宽”命令即可。

选择“隐藏”命令，则当前行(列)或被选定的行(列)被隐藏。如果某行(列)被隐藏，则当选定被隐藏行(列)的上下相邻两行，再选择“格式”菜单中的“行”(“列”)下“取消隐藏”命令时，隐藏的行(列)就又会出现。

2. 数字的格式化

Excel 提供了多种数字格式，例如，可以设置不同小数位。屏幕上的单元格显示的是格式化后的结果，编辑框中显示的是系统实际存储的数据。

(1)用工具按钮格式化数字。

用鼠标单击包含数字的单元格，再分别单击“开始”→“数字”→“工具栏”上的按钮，如图 4.27 所示。

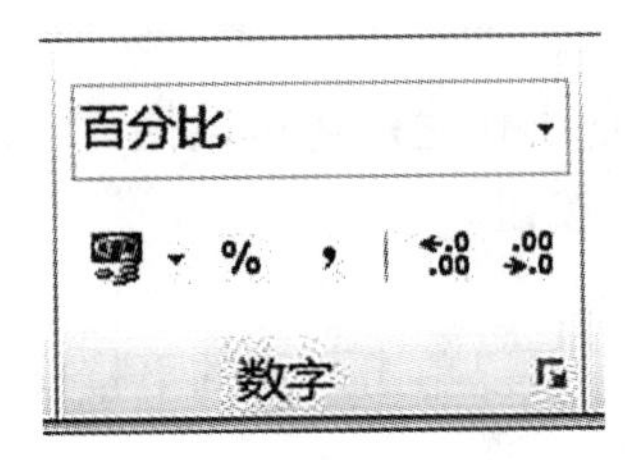

图 4.27

常用的格式设置可通过以下工具来完成，如图 4.28 所示：

图 4.28

①单击“货币”按钮，则设置数字为货币样式(数值前加“￥”符号，千分位用“,”分隔，小数按四舍五入原则保留两位)。

②单击“百分比”按钮，则设置数字为百分比样式(如1.23变为123%)。

③单击“会计专用”按钮，则增加小数位数(以0补，如1.23变为1.230)。

(2)用菜单格式化数字。

选定所要格式化的单元格，再选择“格式”菜单中“单元格”命令，在弹出的如图4.29所示对话框中选择“数字”标签。由于在“分类”列表框列出了所有的格式，所以可以在其中选择任一种分类格式，还可在对话框的右侧进一步按要求进行设置。

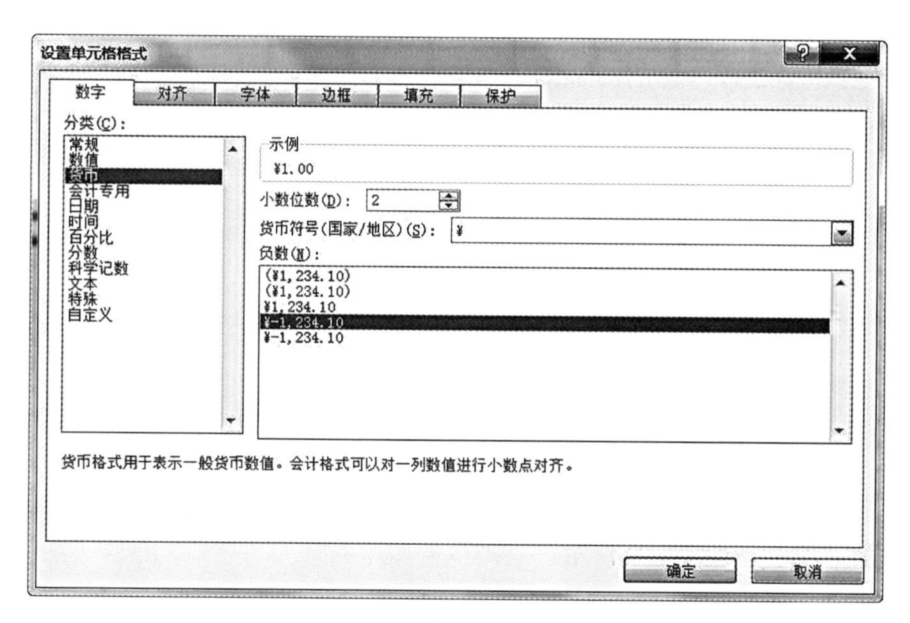

图4.29

3. 字体的格式化

字体的格式化包括对工作表中的字符进行字形、字号、字体选择以及其他修饰。要取消字体的格式，可以选择“编辑”菜单中的“清除”子菜单的下拉菜单“格式”命令。

(1)用工具栏上的按钮格式化字体。

选定所要格式化的单元格，分别单击工具栏上的字体、字号、粗体、斜体、下划线等工具按钮即可对字体进行格式化。

(2)用菜单格式化。

选定要格式化的单元格，选择“单元格”菜单中的“格式”命令，在弹出的菜单中选取“设置单元格格式”标签，在相应的对话框中设置字体、字形、大小、下划线、颜色以及特殊效果等，如图4.30所示。

4. 对齐方式的设置

单元格中的数据可以设置成水平对齐或垂直对齐，单元格中的数据不仅可以水平排列，还可以垂直排列，对水平排列的数据，还可以转动一个角度。

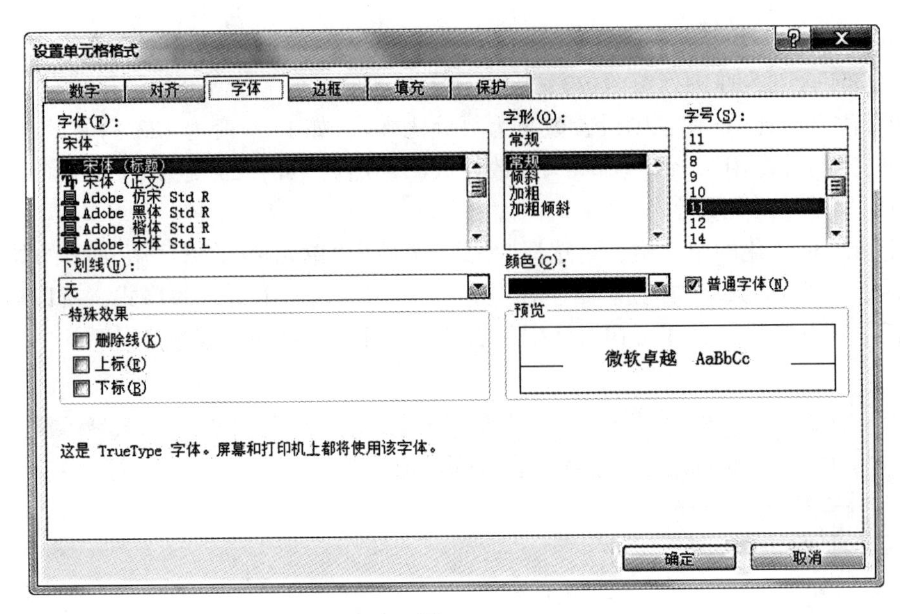

图 4.30

(1)用工具栏上的按钮进行设置。

选取所要格式化的单元格，分别单击工具栏上的左对齐、居中对齐、右对齐、减少缩进量、增加缩进量、合并及居中对齐等工具按钮即可达到相应的目的。

(2)用菜单进行设置。

选定所要格式化的单元格，选择“单元格”菜单中的“格式”命令，在弹出的对话框中选取“对齐”选项卡，如图 4.31 所示。

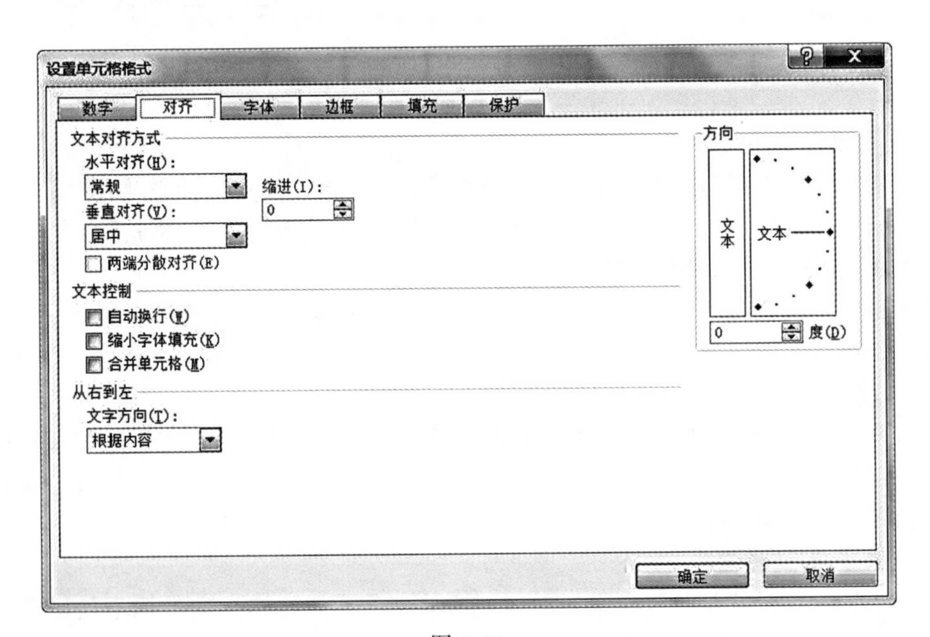

图 4.31

在“对齐”选项卡中，可以进行以下操作：

①在“水平对齐”下拉列表中选择一种子水平对齐方式。

②在“垂直对齐”下拉列表中选择一种子垂直对齐方式。

③单击“方向”选项的左框，设置数据排列方式(横排、竖排)。

④在“方向”选项右框的方向指示器中单击一点选择一个角度。

⑤在“度”微调框中输入或调整一个数值，设置数据的水平转动角度。

5. 边框与底纹的设置

屏幕上显示的表格线是为方便输入、编辑而预设置的，在打印或显示时，可以全部用它作为表格线，也可以全部取消它，但是局部的表格线可以通过工具按钮或菜单重新进行设置。

(1)用工具栏上的按钮进行设置。

选择要格式化的单元格，分别单击“单元格”组上的“格式”按钮，选择“设置单元格格式”下的“填充”“边框”按钮。

(2)用菜单进行设置。

选定要格式化的单元格，右击选择快捷菜单中的“设置单元格格式”命令，弹出“设置单元格格式”对话框，并选取该对话框的“边框”标签，弹出如图 4. 32 所示的对话框。在该对话框的“样式”栏中设置线型、在“颜色”栏中设置颜色；在“预置”栏中选择所需的按钮；在“文本”区中单击相应边框线按钮即可设置边框线。

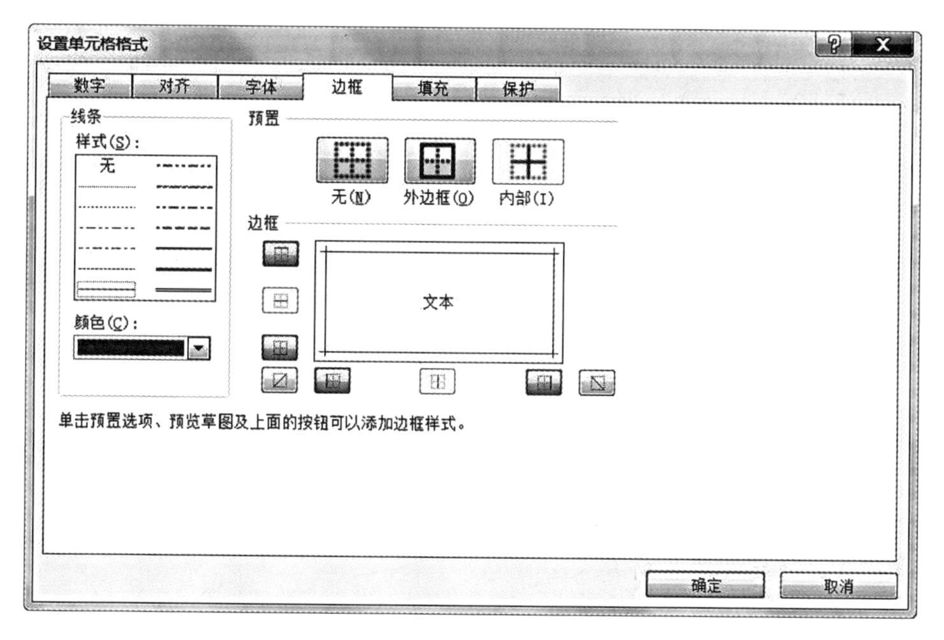

图 4. 32

执行操作时，中间框中给出效果图，可根据边框效果设置成需要的边框。

若选取“单元格格式”对话框中的“图案”标签，则弹出如图 4. 33 所示的对话框，在对话框中可设置单元格的底纹与颜色，图 4. 34 是设置的几种图案示例。

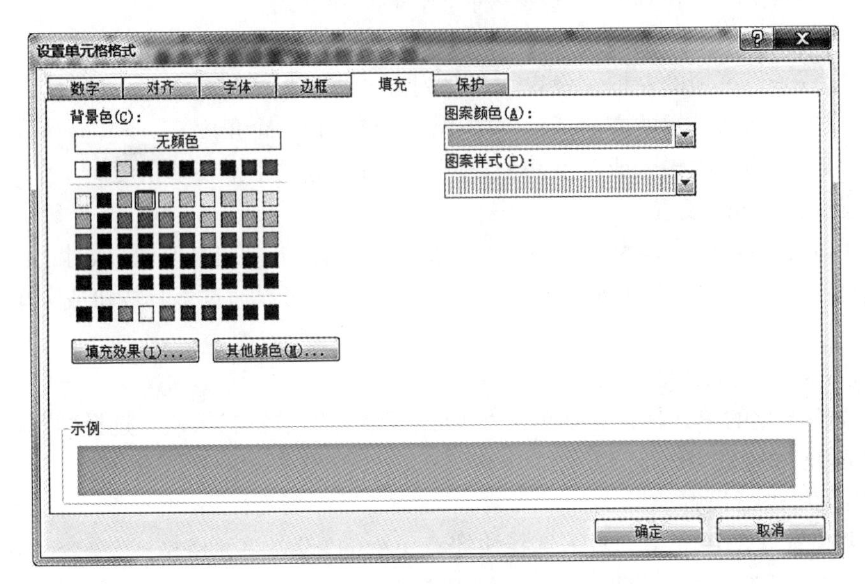

图 4. 33

	A	B	C	D	E	F
1						
2		星期一	星期二	星期三	星期四	星期五
3	1					
4	2					
5	3					
6	4					
7	5					
8	6					

图 4. 34

6. 复制、删除格式

在格式化工作表时，往往有些操作是重复的，这时就可以用 Excel 提供的复制格式的方法来提高格式化的效率。

(1)用工具栏上的按钮复制格式。

选定要复制格式的源单元格，单击“格式刷”按钮，这时所选单元格外出现闪动的虚线框，用带有格式刷的光标在目标区域内拖拉即可将原单元格中的格式复制到目标单元格或区域。

(2)删除格式。

选定要删除格式的单元格或区域，选择“编辑”组中的“清除”按钮的下拉菜单中的“清除格式”即可将选定单元格或区域的格式删除。

7. 样式的使用

有些表格的格式已为固定的格式，可用于同类表格，以保证表格排版风格的一致性，这种固定的格式叫作样式。样式中包括了前面所述的所有格式化操作，即数字、字体、对齐、边框、图案、保护等的固定设置。

具体操作步骤：

①选定需要使用样式的单元格，选择“样式”组中的“单元格样式”命令，打开如图 4.35 所示“样式”对话框。

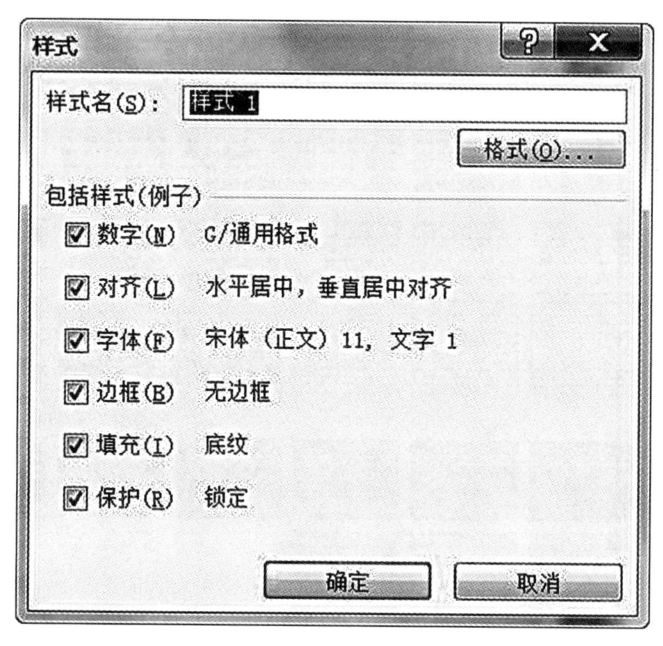

图 4.35

②在该对话框的“样式名”列表中已预设了一些样式，在其中选择样式名，单击“确定”按钮。

③若单击“更改”按钮，则可在所打开的对话框中修改样式的设置，既可以更改样式，也可添加和删除样式。

8. 自动格式化表格

Excel 2010 提供了 16 种上述各种组合格式的方式，使用它们可以快速地格式化表格。

操作步骤如下：

①选定所需格式化的单元格，选择“格式”菜单中的“自动套用格式”命令，打开图 4.36 所示的“自动套用格式”对话框。

②在该对话框中可选择“格式”列表中的样式，也可以单击“选项”按钮，分别设置所选格式的部分效果。

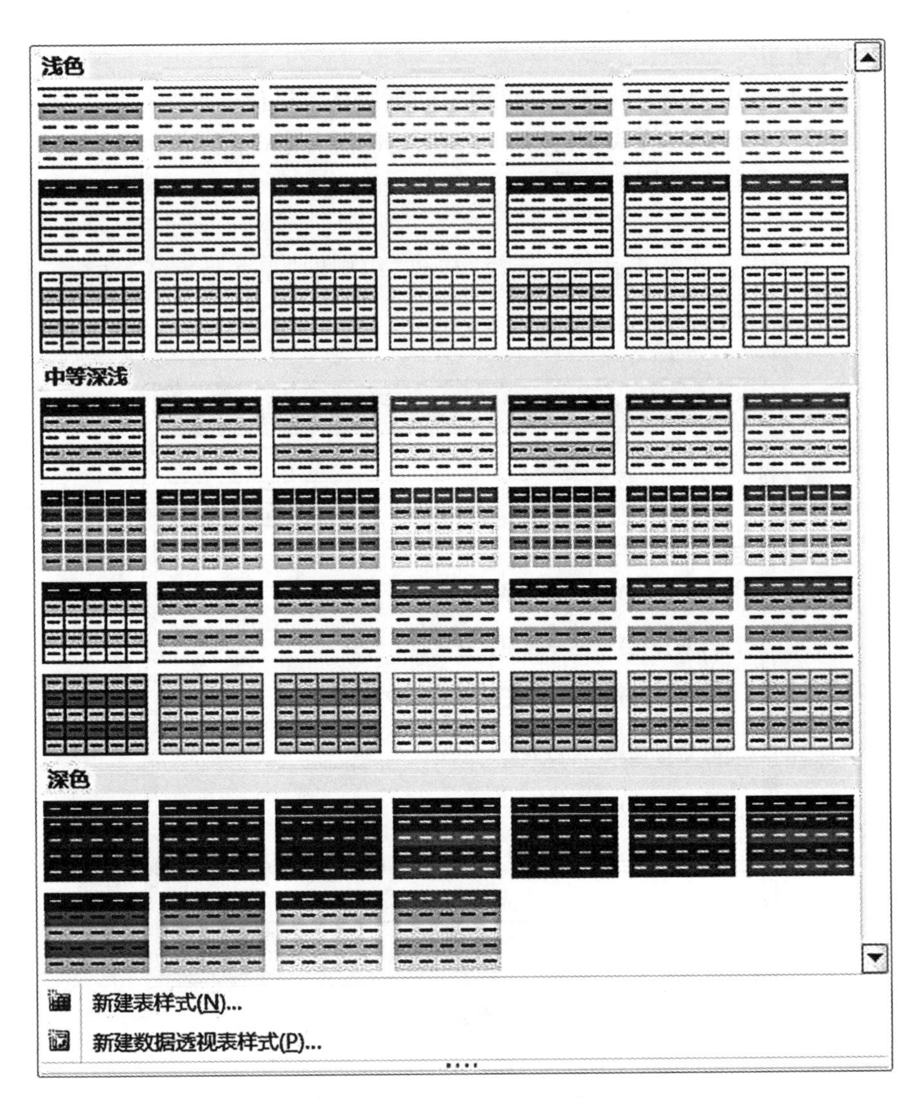

图 4.36

9. 条件格式化表格

为了突出显示表格中的某些单元格，排版时需要将一些满足一定条件的数据明显地标记出来，这时就要进行条件格式化的操作。

操作步骤如下：

①选定要处理的单元格，选择“样式”组中的“条件格式”按钮。

②在弹出的“条件格式”命令中输入需要格式化的数据条件(如果有多个条件，则单击“添加”按钮添加条件)，单击“格式”按钮，在所弹出的如图 4.37 所示对话框中选择满足条件的格式。

③单击对话框中的“确定”按钮。

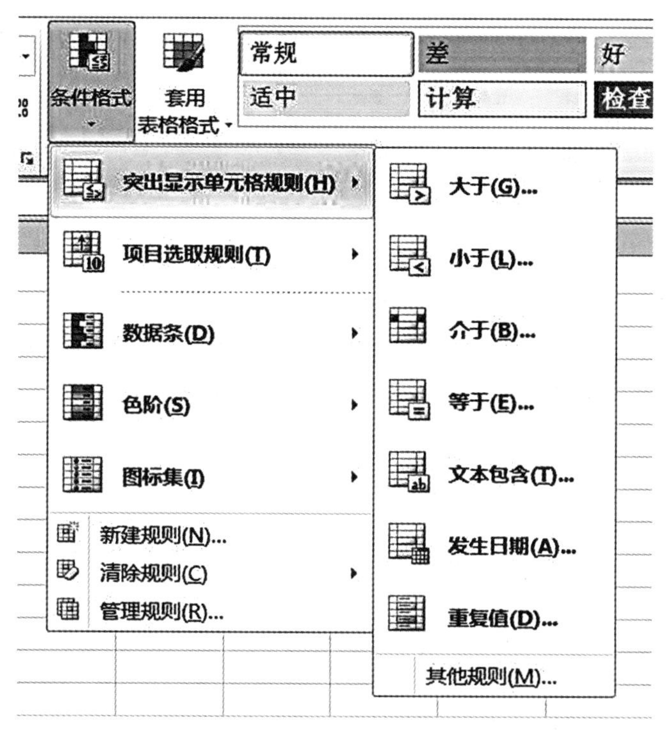

图 4. 37

4. 3　屏幕显示与打印工作表

一个窗口内一般只能显示一张工作表，当工作表中内容很多时，就必须借助于滚屏、缩放控制、冻结及分割窗口。

4. 3. 1　冻结、分割窗口

当滚动显示时，滚动后往往看不清表格标题的内容。Excel 提供的冻结窗口功能，就可以用来冻结表格标题，这样在滚动其他单元格时，标题仍保留在原处。操作步骤如下：

①单击不需要冻结区的左上角单元格，选择"视图"选项卡中"窗口"组的"冻结窗口"按钮，选择"冻结拆分窗口"命令，出现如图 4. 38 所示的冻结窗口。

②使用滚动条滚动屏幕时，位于线条上边、左边的内容被"冻"住。当窗口处于冻结状态时，选择"视图"选项卡中窗口组的"撤销窗口冻结"命令可以撤销窗口的冻结。同样，也可以分割窗口。所谓分割窗口就是将工作表放在 4 个窗格中，在每一窗格中都可以看到工作表的内容。

操作步骤如下：

①选择"窗口"组中的"拆分"按钮，这时所选活动单元格上边和左边分别出现分割线，

汽修专业教师信息一览表

序号	姓名	性别	年龄	职称	学历	学位	毕业学校及专业
1	陈凌	男	51	副教授	大学	学士	武汉理工大学
2	周淑茹	女	45	教授	大学	学士	湖北大学
3	周文芳	女	36	讲师	大学	学士	黄冈师范学院
4	钟青梅	女	47	副教授	大学	学士	华中师范大学
5	周芳	女	37	副教授	大学	学士	华中师范大学
6	童慕兰	女	30	讲师	研究生	硕士	广西大学教育学
7	王晓辉	女	37	讲师	研究生	硕士	武汉大学

图 4.38

工作表被划分为 4 个窗格，如图 4.39 所示。

汽修专业教师信息一览表

序号	姓名	性别	年龄	职称	学历	学位	毕业学校及专业
1	陈凌	男	51	副教授	大学	学士	武汉理工大学
2	周淑茹	女	45	教授	大学	学士	湖北大学
3	周文芳	女	36	讲师	大学	学士	黄冈师范学院
4	钟青梅	女	47	副教授	大学	学士	华中师范大学
5	周芳	女	37	副教授	大学	学士	华中师范大学
6	童慕兰	女	30	讲师	研究生	硕士	广西大学教育学
7	王晓辉	女	37	讲师	研究生	硕士	武汉大学

图 4.39

②利用右侧、下方的滚动条在 4 个分离的窗格中移动，拖曳水平分割框、垂直分割框移动分割线的位置。

当窗口处于分割状态时，选择“窗口”组中的“拆分”按钮，就可以撤销窗口的分割。

4.3.2 打印设置

工作表的打印设置主要包括页面设置、页边距设置、页眉/页脚设置、工作表设置、手工插入分页符等。

如果一个工作簿中的几个工作表需要相同的打印设置，则首先应该选定这些工作表，然后进行打印设置。

1. 页面设置

点击“页面布局”选项卡中的“页面设置命令启动器”，弹出如图 4.40 所示“页面设置”对话框，在该对话框中选择“页面”标签，在此标签中可以选择打印方向、缩放比例、纸张大小、打印质量以及起始页码等。

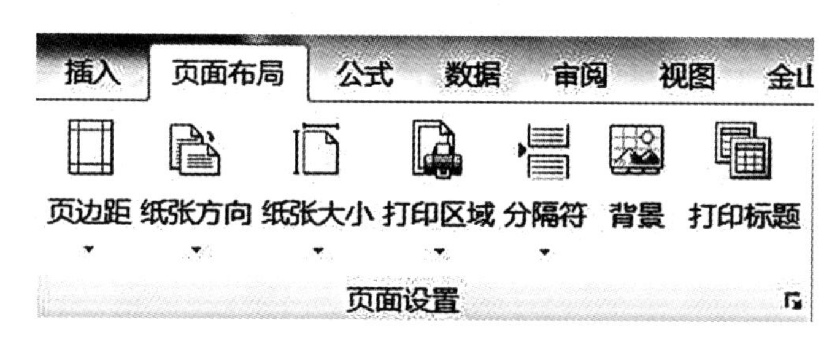

图 4.40

2. 页边距设置

激活“页面设置”对话框后，在此对话框中选择“页边距”标签(见图 4.41)，就可以设置上、下、左、右的边距值，以及设置表格的水平居中、垂直居中等。

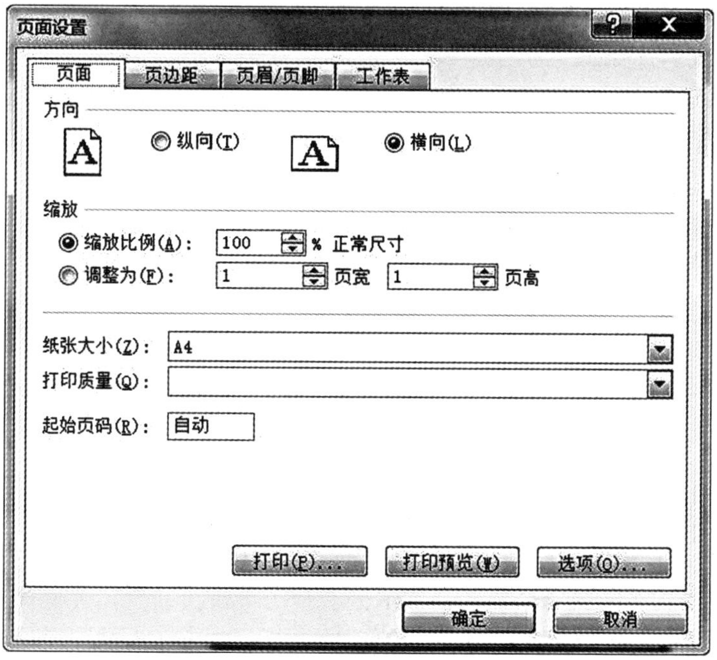

图 4.41

3. 页眉/页脚的设置

页眉/页脚是固定于每一页的一些内容，设置时，在“页面设置”对话框中选择“页眉/页脚”标签，分别在页眉、页脚框中选择相应的页眉、页脚；单击“自定义页眉”按钮、

“自定义页脚”按钮，就可以在页眉、页脚的左、中、右区输入自定义内容或单击下列按钮输入相应的内容：改变字体按钮、页号按钮、总页数按钮、当前日期按钮、当前时间按钮、文件名按钮、工作表标签名按钮。如图 4. 42 所示是页眉设置的示例。

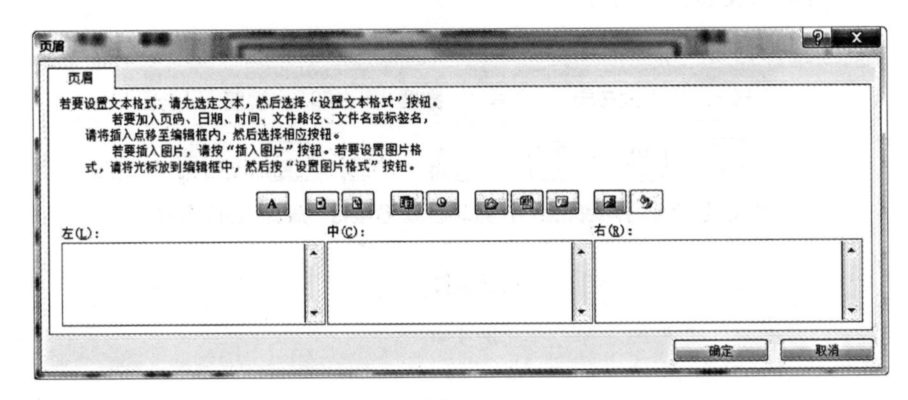

图 4. 42

4. 工作表的设置

激活“页面设置”命令，在弹出的“页面设置”对话框中选择“工作表”标签，就可以设置打印区域、打印标题、打印顺序以及工作的一些其他设置等。

(1)打印区域的选择。

如果要打印工作表的局部内容，则可以在“打印区域”中输入表格区域，或单击选择表格区域按钮，在工作表中选择所需的区域，按 Enter 键。

(2)打印标题的选择。

当打印页数超过 1 页时，如果想要表格标题出现在每一页上，则可以在“顶端标题行”“左端标题列”区域中分别输入标题，或单击选择表格区域按钮，在工作表中选择区域，按 Enter 键。

(3)设置网格线。

若设置了网格线，则将打印工作表的全部网格线；如果在工作表中设置了表格的边框线，则应取消网格线的设置。

5. 手工插入或移动分页符

如果需要打印的工作表不止一页，则 Excel 2010 会自动在其中插入分页符，将工作表分成多页，这些分页符的位置取决于纸张的大小、页边距设置和设定的打印比例，可以通过手工插入水平分页符来改变页面上数据行的数量，也可以通过插入垂直分页符来改变页面上数据行的数量。在分页预览中，可用鼠标拖曳分页符来改变其在工作表上的位置，如图 4. 43 所示。

4. 3. 3 打印预览与打印

1. 打印预览

打印工作表之前一般应进行打印预览操作，查看打印效果。

汽修专业教师信息一览表

序号	姓名	性别	年龄	职称	学历	学位	毕业学校及专业
1	陈凌	男	51	副教授	大学	学士	武汉理工大学
2	周淑茹	女	45	教授	大学	学士	湖北大学
3	周文芳	女	36	讲师	大学	学士	黄冈师范学院
4	钟青梅	女	47	副教授	大学	学士	华中师范大学
5	周芳	女	37	副教授	大学	学士	华中师范大学
6	童慕兰	女	30	讲师	研究生	硕士	广西大学教育学
7	王晓辉	女	37	讲师	研究生	硕士	武汉大学
8	刘进	男	43	讲师	大学	学士	武汉音乐学院钢琴声乐
9	王玉莲	女	49	讲师	大学	学士	湖北大学
10	熊菊香	女	55	副教授	大学	学士	湖北大学
11	李莉	女	29	讲师	大专		湖北省艺术职业学院
12	程洁	女	37	讲师	大学	学士	武汉音乐学院钢琴声乐

图 4.43

进行打印预览有下面几种方法。

• 单击“页面布局”选项卡，在“工作表选项”右下角点击“页面设置命令启动器”，点击“打印预览”按钮(见图 4.44)。

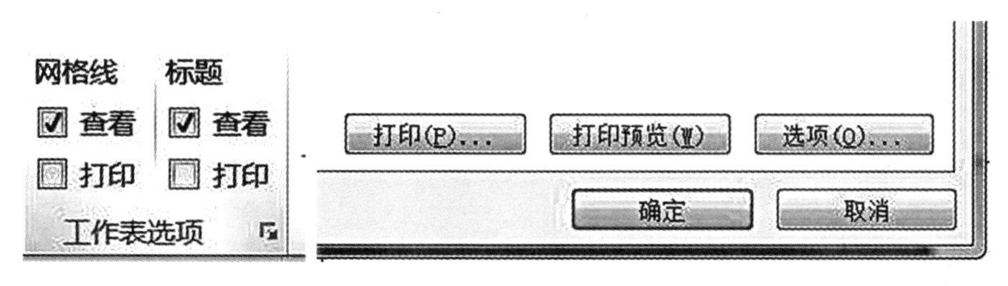

图 4.44

• 选择“文件”选项卡中的“打印”命令。

预览时，在屏幕窗口底部的状态栏上将显示选定工作表的总页数和当前页码。在打印预览窗口中，单击“下页”按钮显示打印的下一页；单击“上页”按钮显示打印的上一页。

单击“缩放”按钮使工作表在全页视图和放大视图之间切换，打印预览中的“缩放”功能并不影响实际打印时的大小，在预览时，单击“设置”按钮进入“页面设置”对话框；单击“页边距”按钮，将直观显示边距、各列位置，如图 4.45 所示。

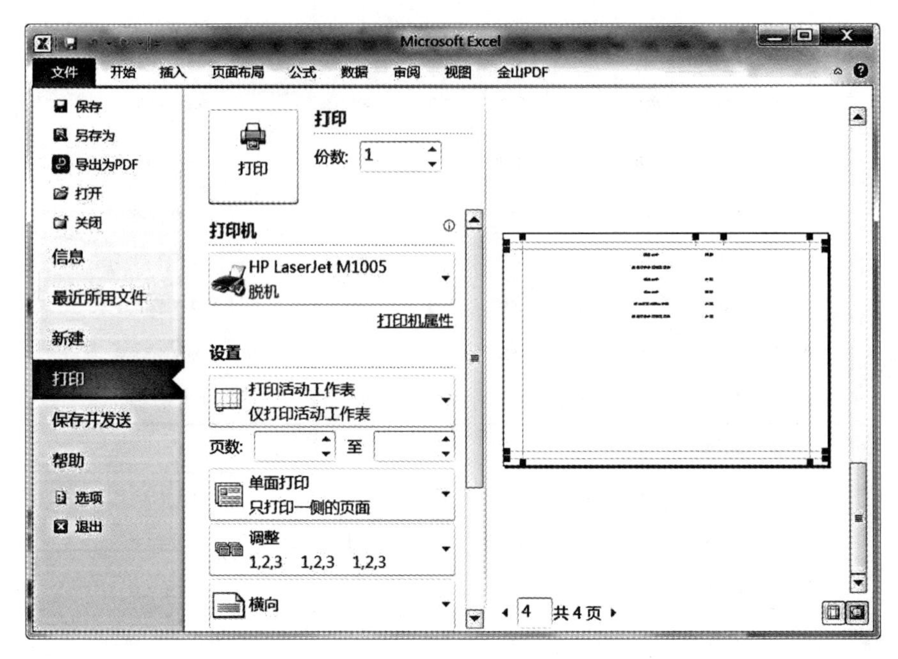

图 4. 45

2. 打印

通过下列方法之一可以打开如图 4. 46 所示“打印”对话框。

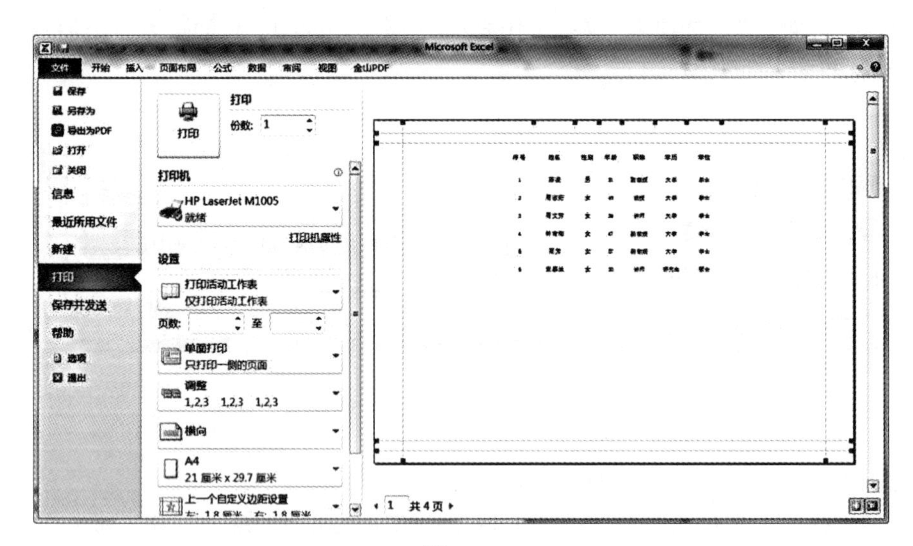

图 4. 46

①单击“文件”选项卡，再单击“打印”命令。

②单击“页面布局”选项卡，在“页面设置”中单击“页面设置命令启动器”，单击“打

印”按钮。

4.4 Excel 2010 数据管理

Excel 2010 不仅有表格处理功能，还具有数据管理功能，如数据清单、数据排序、数据筛选、分类汇总和图表表现等。

4.4.1 数据库管理

在 Excel 2010 中，数据库实际上就是工作表中的一个区域，它应包括下面几个要素：每一列包含的一种信息类型，叫作字段；每列的列标题叫作字段名，它必须由文字表示，而不是数；每一行叫作一条记录，它包含着相关的信息；数据记录紧接在字段名所在行的下面，没有空行，可以对数据记录进行插入、修改、排序、筛选、分类、求和等操作。

1. 记录单

Excel 2010 专门提供了“数据清单”功能，数据清单以对话框的形式展示出一个数据记录中所有字段的内容，并且提供了增加、修改、删除及检索记录的功能。当数据库很大时，使用数据清单会有很大的好处，使用数据清单的方法如下：将鼠标指针放在数据所在工作表中任一单元格内，选择“记录单”命令，弹出如图 4.47 所示数据清单对话框。数据清单首先显示的是数据库中的第一条记录的基本内容(未格式化)，带有公式的字段是不可编辑的。单击该对话框的“上一条”“下一条”按钮或滚动条，可以在每条记录间上下移动；单击“新建”按钮可以增加一条记录；单击“删除”按钮可以删除当前一条记录。

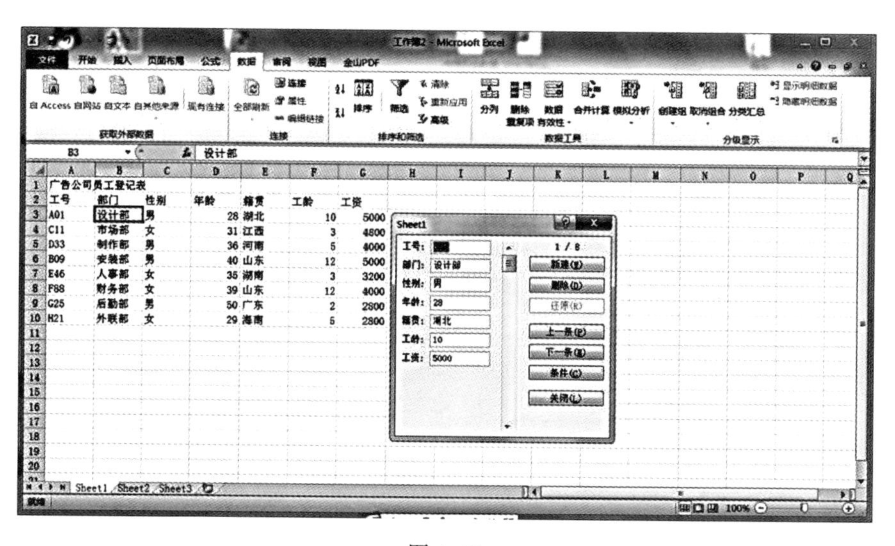

图 4.47

2. 排序

排序是指按某些字段值的大小重新调整记录的顺序，可根据数据库某一字段排序，也可以根据多个字段排序(此时称为多重排序)。排序的操作步骤如下。

①将鼠标指针放在工作表数据区域中的任一单元格内。

②选择“数据”选项卡中的“排序和筛选”组，在弹出的如图 4. 48 所示“排序”对话框中选择排序的关键字，再单击“确定”按钮。

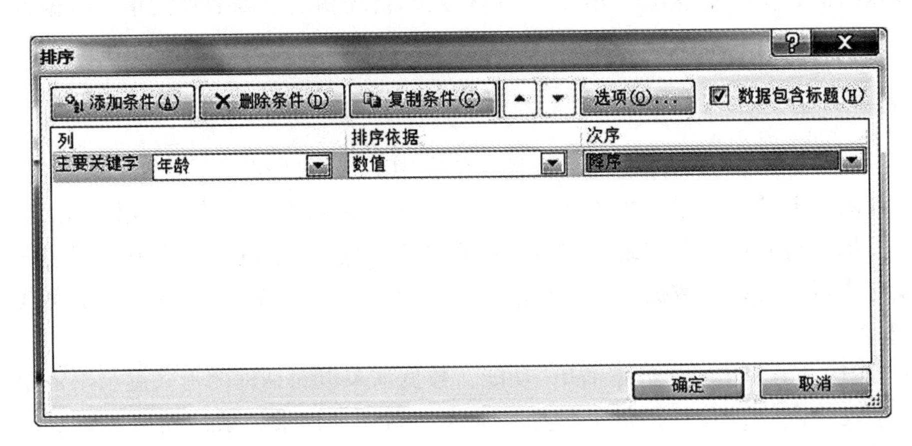

图 4. 48

3. 筛选记录

筛选记录就是找出满足条件的记录项，有如下两种方法：

(1)使用数据清单。

选择“记录单”按钮，出现如图 4. 49 所示对话框后；单击该对话框中的“条件”按钮，输入各字段条件，这时鼠标指针将定位在第一个符合条件的记录上；通过单击“上一条”“下一条”按钮查看别的符合条件的记录。

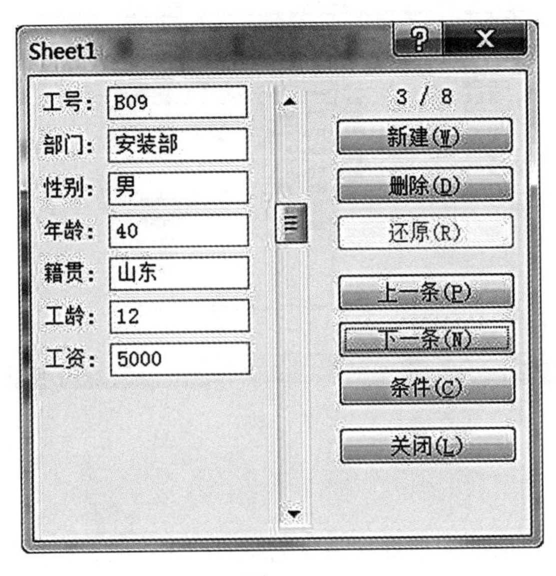

图 4. 49

(2)使用自动筛选器。

将鼠标指针移到工作表的任一位置，使用“排序和筛选”组中的“自动筛选”项，这时在每个字段旁出现筛选箭头(下拉列表箭头)，如图 4.50 所示；单击每个筛选箭头，直接选择符合条件的字段，也可以在一次筛选的基础上再用类似的方法筛选其他字段(称为多次筛选)。

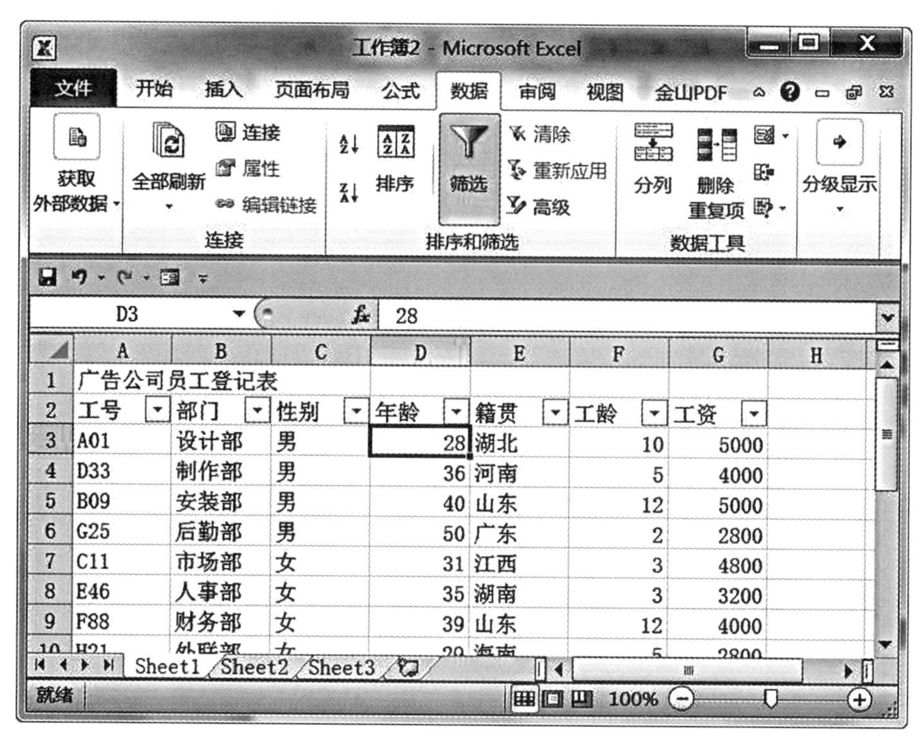

图 4.50

若要取消筛选，可用以下几种方法。

• 单击“排序和筛选”组中“筛选”按钮，取消所有字段的筛选，恢复到筛选以前的状态。

• 在该筛选字段的下拉列表中选择“全部”，取消该字段的筛选，但仍处于筛选状态。可反复使用这种方法，取消多个字段的筛选。

4. 分类汇总

在实际工作中：需要将数据清单中同一类别的数据放在一起，求出它们的总和、平均值和个数等，这叫作分类汇总。如统计各部门的工资总和是按部门分类汇总的。对同一类数据分类汇总后，还可以再对其中的另一类数据分类汇总，这叫作多级分类汇总，如按部门分类汇总后，再统计各部门男同志和女同志的工资总和。

在 Excel 2010 中分类汇总前，先必须按分类的字段进行排序，否则分类汇总的结果不是所要求的结果。要进行多级分类汇总，排序时先分类汇总的关键字为第一关键字，后分类汇总的关键字分别为第二、第三关键字。Excel 2010 最多可进行三级分类汇总。

单级分类汇总的操作步骤如下。

①按分类字段排序后，将鼠标指针移动到数据清单中，选择“分级显示”组中“分类汇总”命令，出现如图 4.51 所示的“分类汇总”对话框。

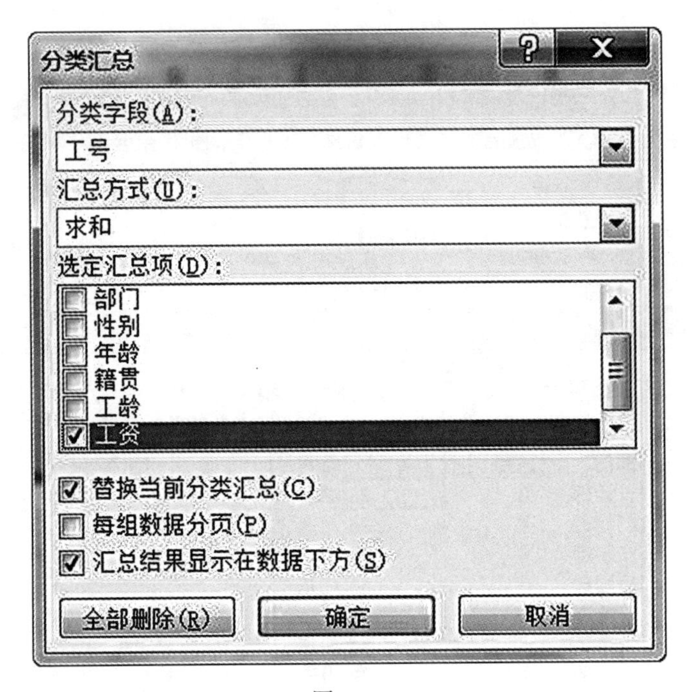

图 4.51

②在“分类汇总”对话框中可以进行以下操作。

- 在“分类汇总”列表中选择分类字段(如部门)，这个字段必须是排序关键字段。
- 在“汇总方式”项下拉列表框中，选择汇总方式，有求和、平均值、计数、最大值、最小值等(如选择求和)。
- 在“选定汇总项”下拉列表框中，选择汇总的字段名(如工资、年龄)。
- 选择“替换当前分类汇总”复选框，则前面分类汇总的结果被删除，以最新的分类汇总结果取代，否则再增加一个分类汇总结果。
- 选择“每组数据分页”复选框，分类汇总后在每组数据后自动插入分页符，否则不插入分页符。
- 选择“汇总结果是否在数据下方”复选框，则汇总结果放在数据下方，否则放在数据上方。
- 单击“确定”按钮，按以上设置进行分类汇总。

图 4.52 所示是按“部门”对工资、年龄、工龄进行分类汇总的结果。

只需不选定“分类汇总”对话框中的“汇总当前分类汇总”复选框，单级分类汇总可以

	A	B	C	D	E	F	G
1	广告公司员工登记表						
2	工号	部门	性别	年龄	籍贯	工龄	工资
3	A01	设计部	男	28	湖北	10	5000
4		*设计部 汇总*					*5000*
5	D33	制作部	男	36	河南	5	4000
6		*制作部 汇总*					*4000*
7	B09	安装部	男	40	山东	12	5000
8		*安装部 汇总*					*5000*
9	G25	后勤部	男	50	广东	2	2800
10		*后勤部 汇总*					*2800*
11	C11	市场部	女	31	江西	3	4800
12		*市场部 汇总*					*4800*
13	E46	人事部	女	35	湖南	3	3200
14		*人事部 汇总*					*3200*
15	F88	财务部	女	39	山东	12	4000
16		*财务部 汇总*					*4000*
17	H21	外联部	女	29	海南	5	2800
18		*外联部 汇总*					*2800*
19		**总计**					**31600**

图 4. 52

有多个汇总行，图 4. 53 所示是按部门进行求平均值的结果。

	A	B	C	D	E	F	G
1	广告公司员工登记表						
2	工号	部门	性别	年龄	籍贯	工龄	工资
3		**总计平均值**					**3950**
4		*设计部 平均值*					*5000*
5	A01	设计部	男	28	湖北	10	5000
6		*制作部 平均值*					*4000*
7	D33	制作部	男	36	河南	5	4000
8		*安装部 平均值*					*5000*
9	B09	安装部	男	40	山东	12	5000
10		*后勤部 平均值*					*2800*
11	G25	后勤部	男	50	广东	2	2800
12		*市场部 平均值*					*4800*
13	C11	市场部	女	31	江西	3	4800
14		*人事部 平均值*					*3200*
15	E46	人事部	女	35	湖南	3	3200
16		*财务部 平均值*					*4000*
17	F88	财务部	女	39	山东	12	4000
18		*外联部 平均值*					*2800*
19	H21	外联部	女	29	海南	5	2800

图 4. 53

进行多级分类汇总前必须按分类汇总级别进行排序，例如，要按部门求平均工资，再按性别求平均工资，就必须先以“部门”为第一关键字，以“性别”作为第二关键字排序，然后再进行分类汇总。

对前例再增加一级按“性别”进行分类汇总，结果如图 4.54 所示。

	A	B	C	D	E	F	G
1	广告公司员工登记表						
2	工号	部门	性别	年龄	籍贯	工龄	工资
3	A01	设计部	男	28	湖北	10	5000
4	D33	制作部	男	36	河南	5	4000
5	B09	安装部	男	40	山东	12	5000
6	G25	后勤部	男	50	广东	2	2800
7			*男 平均值*				*4200*
8	C11	市场部	女	31	江西	3	4800
9	E46	人事部	女	35	湖南	3	3200
10	F88	财务部	女	39	山东	12	4000
11	H21	外联部	女	29	海南	5	2800
12			*女 平均值*				*3700*
13			**总计平均值**				**3950**

图 4.54

分类汇总完后，可以根据分类汇总控制区域中的按钮来折叠或展开数据清单中的数据。单击分类汇总控制区域中的“-”号按钮，折叠该组中的数据，只显示该组的分类汇总结果，同时该按钮变成“+”；单击这个“+”按钮，可以展开该组中的数据。单击分类控制区域顶端的数字，可以只显示到那一级的结果，图 4.55 所示是上图所示多级分类汇总后显示到第 3 级的结果。

	A	B	C	D	E	F	G
1	广告公司员工登记表						
2	工号	部门	性别	年龄	籍贯	工龄	工资
7			*男 平均值*				*4200*
8	C11	市场部	女	31	江西	3	4800
9	E46	人事部	女	35	湖南	3	3200
10	F88	财务部	女	39	山东	12	4000
11	H21	外联部	女	29	海南	5	2800
12			*女 平均值*				*3700*
13			**总计平均值**				**3950**

图 4.55

要删除分类汇总，先将鼠标指针移到数据清单中，选择“分级显示”组下“分类汇总”命令，在所弹出的“分类汇总”对话框中单击“全部删除”按钮，删除全部分类汇总结果，恢复到分类汇总前的状态。

5. 数据透视表报告

利用数据透视表报告进行分析、组织数据是非常方便的，并且可以很快地从不同的方面分类汇总数据，使用数据透视表报告的操作如下：

①使用“数据”选项卡中的“数据透视表”命令，弹出如图 4.56 所示“数据透视表向导”对话框，从中选择数据来源并单击“下一步”按钮。

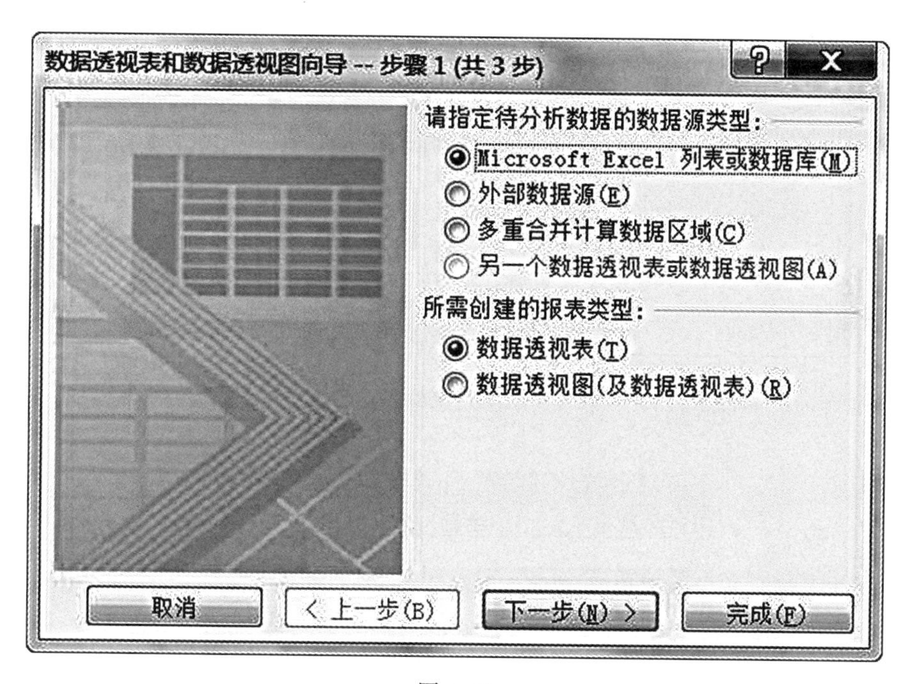

图 4.56

②在如图 4.57 所示对话框中选择数据区域并单击“下一步”按钮。

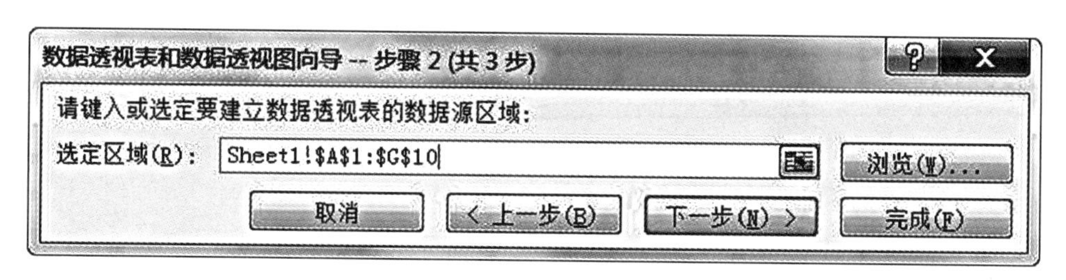

图 4.57

③在如图 4.58 所示对话框中拖曳“数据字段名”到页字段区上侧、行字段区上侧、列字段区左侧以及数据区上侧，选择透视表显示位置。

④最后单击“完成”按钮，结果如图 4.59 所示。

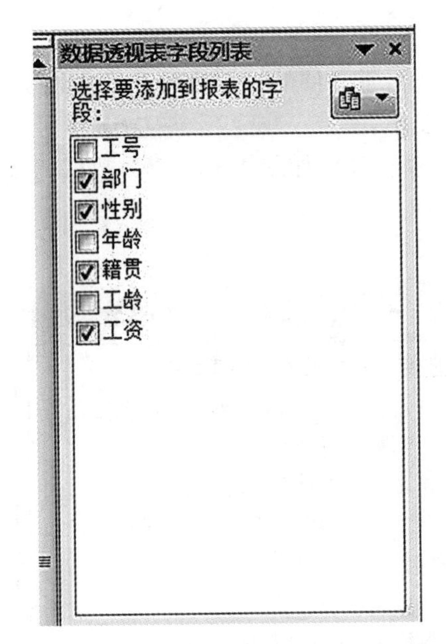

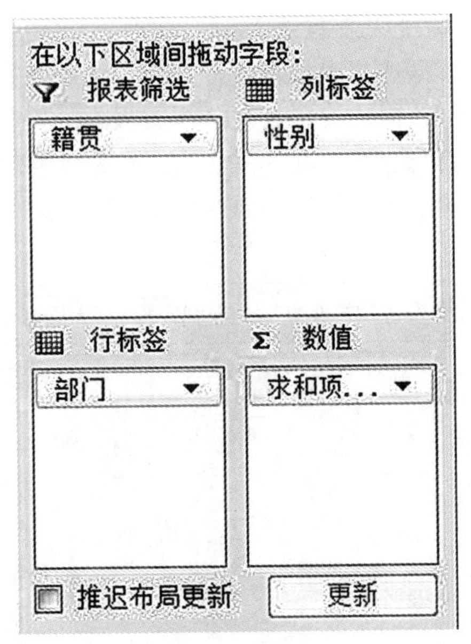

图 4.58

	A	B	C	D
1	籍贯	(全部)		
2				
3	求和项:工资	列标签		
4	行标签	男	女	总计
5	安装部	5000		5000
6	财务部		4000	4000
7	后勤部	2800		2800
8	人事部		3200	3200
9	设计部	5000		5000
10	市场部		4800	4800
11	外联部		2800	2800
12	制作部	4000		4000
13	总计	16800	14800	31600

图 4.59

6. 合并计算

合并计算就是对一系列同类数据表进行汇总，其主要操作步骤如下：

①了解各待合并的子表的位置，为合并报表做准备。

②打开一个空表，选择“数据”组中的“合并计算”按钮，打开如图 4.60 所示对话框，在其中的“引用位置”文本框右侧输入子表引用位置，单击“添加”按钮。

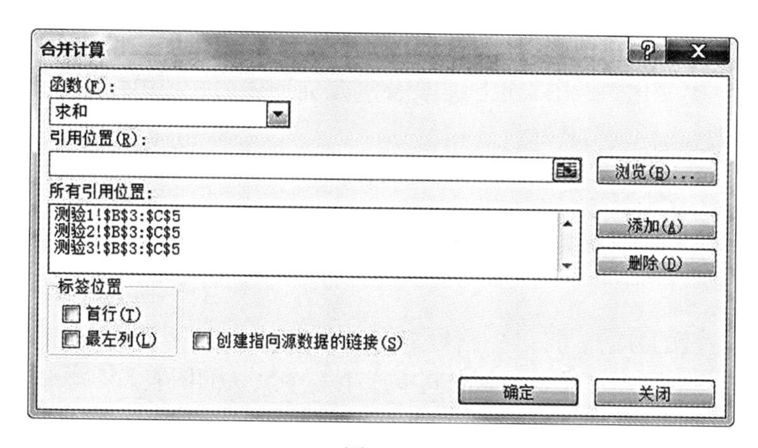

图 4. 60

当所有待合并的子表位置都添加后，单击“确定”按钮。图 4. 61 所示是汇总 4 个学生平时成绩的实例。

	A	B	C
1	测验1		
2	学生	文综	理综
3	张三	110	136
4	李四	90	100
5	王五	120	140

	A	B	C
1	测验2		
2	学生	文综	理综
3	张三	130	90
4	李四	89	111
5	王五	106	123

	A	B	C
1	测验3		
2	学生	文综	理综
3	张三	99	98
4	李四	77	103
5	王五	140	112

	A	B	C
1	合并计算		
2	学生	文综	理综
3	张三	339	324
4	李四	256	314
5	王五	366	375

图 4. 61

7. 数据链接

所谓数据链接，是指源数据的变化会引起从属数据的变化。利用数据链接可以将一系列工作表、工作簿链接在一起，避免数据的复制、粘贴操作，以保证数据的自动更新。不论链接数据的对象是什么，其方法都有两种。

- 在从属数据中操作：通过公式取源数据的数据。
- 在源数据中做复制操作：在从属数据处使用“选择性粘贴”命令后，打开“选择性粘贴”对话框，单击“粘贴链接”按钮。当 Excel 数据与其他应用软件数据相链接时，一般使用这种方式。

4. 4. 2　用图表表现数据

用图表表现数据就是将数据清单中的数据以各种图表的形式显示，使得数据更加直观。图表有多种类型，每一种类型又有若干子类型，图表和数据清单是密切联系的，当数据清单中的数据发生变化时，图表也随之变化。建立图表后，还可以对它进行编辑。

1. 建立图表

将工作表中的数据制作成图表的方法有两种。

(1)在工作簿中建立一个单独的图表工作表。

这种方法适用于显示或打印图表，而不涉及相应工作表数据情况。具体操作方法有两种。

①用快捷功能键的方法。将鼠标指针放在数据区域的任一单元格上，按 F11 键，则 Excel 会自动新建一个图表工作表，并在其中产生一个默认的图表。

②用图表向导的方法。将鼠标指针放在数据区域中的任一单元格上，单击“插入”选项卡上的“图表”组，激活“插入图标”对话框，依次进行选择。

第一步，选择图表类型，如图 4. 62 所示。

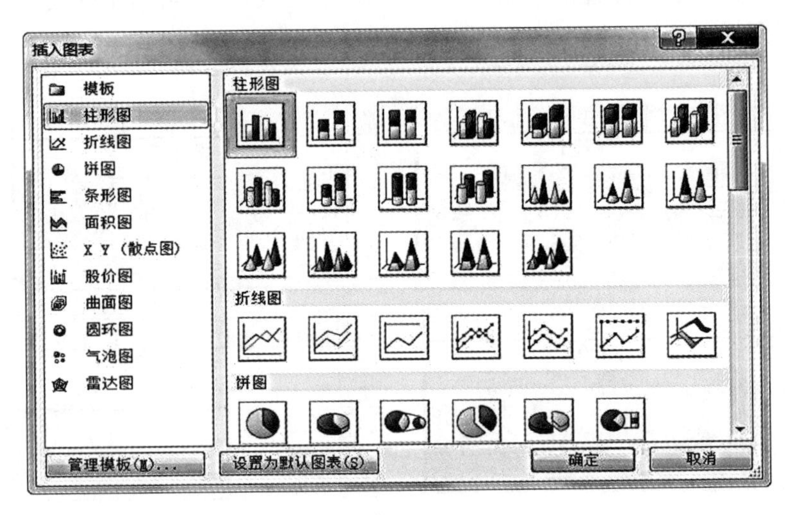

图 4. 62

第二步，选择图表数据源，如图 4. 63 所示。

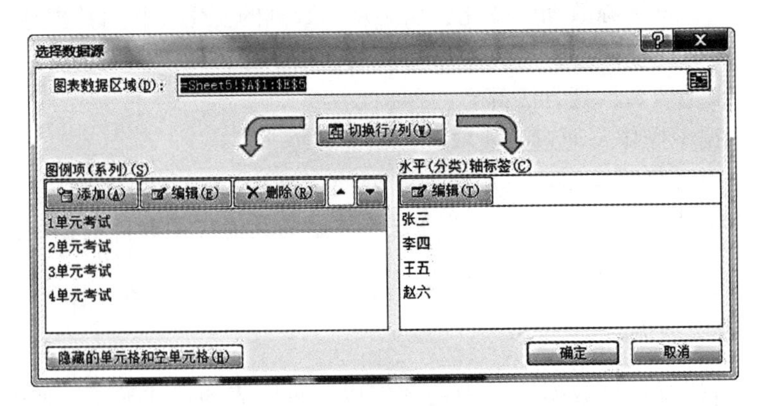

图 4. 63

第三步，选择图表选项，设置图表标题、坐标轴标题，设置坐标轴，设置网格线，设置图例位置等，设置是否有数据标志、是否带数据表等，如图 4.64 所示。

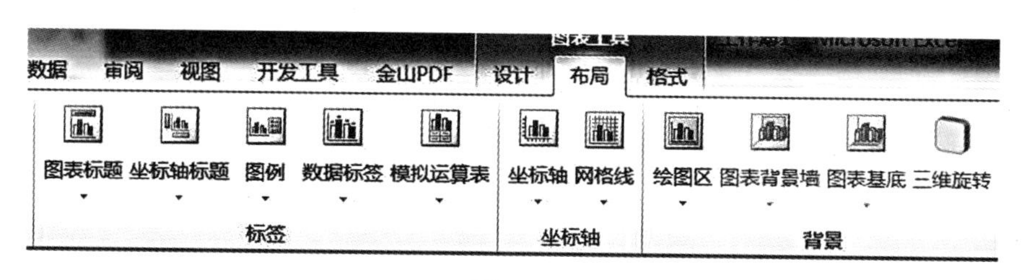

图 4.64

第四步，选择图表位置，最后将所选择的图表放在“新工作表”中，如图 4.65 所示。

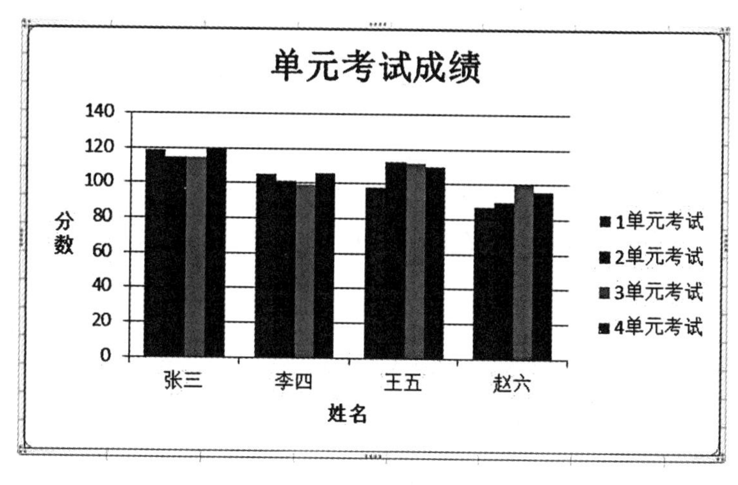

图 4.65

(2)在原数据工作表中嵌入图表。

其操作方法与在工作簿中建立一个单独的图表工作表的方法大致相同，只是在最后一步选择图表位置时，选中“嵌入工作表”单选钮，将图表嵌入工作表。

2. 设置图表

图表建立后，如果不满足要求，就可以设置它。常用的设置有移动图表、改变大小、设置标题、设置数值轴、设置分类轴、设置图例、设置绘图区。

(1)移动图表。

单击图表，图表四周出现八个黑色方块，称为图表的控制点。将鼠标指针移动到图表内，拖动图表，同时有一个虚框随之移动，松开鼠标后，虚框的位置就是图表移动到的位置。

(2)改变图表大小。

光标移动到图表的控制点上，拖动鼠标就可以改变图表大小。改变图表大小时，图表内的图也随之改变。

(3)设置标题。

单击图表标题或数值轴标题或分类轴标题，四周出现黑框，表示该标题被选定。设置标题可进行下列操作。

①选定标题后，再单击标题，标题内出现光标，此时可编辑标题。

②选定标题后，鼠标指针移动至边框上，拖动鼠标，可移动标题的位置。

③使用“图标工具”中的“布局”，或在任何工具按钮处单击，可打开“图表”工具栏，如图 4.66 所示。

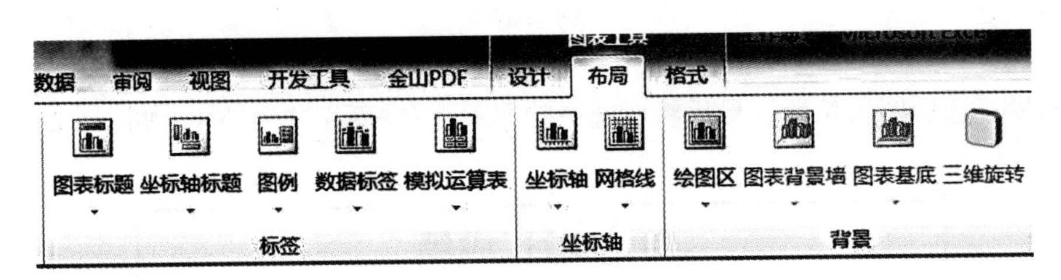

图 4.66

双击标题或者选定标题后，选择“布局”选项卡下“图表标题”。单击按钮，出现如图 4.67 所示“图表标题格式”对话框，在该对话框中可以设置标题的图案、字体、对齐等格式。

设置图表标题格式
填充
边框颜色
边框样式
阴影
发光和柔化边缘
三维格式
对齐方式
对齐方式
文字版式
垂直对齐方式(V)：中部居中
文字方向(X)：横排
自定义角度(U)：0°
自动调整
根据文字调整形状大小(F)
允许文本溢出形状(O)
内部边距
左(L)：0.25 厘米　上(T)：0.13 厘米
右(R)：0.25 厘米　下(B)：0.13 厘米
形状中的文字自动换行(W)
分栏(C)...
关闭

图 4.67

(4)设置坐标轴格式。

双击数值坐标轴或分类轴，或者先选定数值轴或分类轴，再选择“坐标轴格式”命令，单击其右侧的“坐标轴格式”按钮，出现“坐标轴格式”对话框，如图 4.68 所示。在该对话框中可以设置图案、刻度、字体、数字、对齐等格式。

图 4.68

(5)设置图例。

单击图例，图例被选定，四周出现 8 个黑色方块，称为控制点，设置图例可进行以下操作：

①拖动图例可改变它的位置。

②鼠标指针移动到控制点上，拖动鼠标可改变图例的大小，改变图例大小时，图表内的图和文字不改变。

③双击图例或者选定图例后，选择“格式”菜单下的“图例”命令，或在“图表”工具栏上的下拉列表中选中“图例格式”，单击其右侧的“图例格式”按钮，出现“图例格式”对话框，如图 4.69 所示，在该对话框中可设置图例的图案、字体、位置等。

(6)设置绘图区。

单击绘图区的空白处，绘图区被选定，四周出现 8 个黑色方块、称为控制点。对绘图区可进行以下设置。

①鼠标指针移动到绘图区边上，拖动绘图区可改变它的位置，坐标轴和坐标轴标题也随之移动。

②鼠标指针移动至控制点上，拖动鼠标可改变绘图区的大小，绘图区大小改变时，坐标轴和坐标轴标题也随之改变。

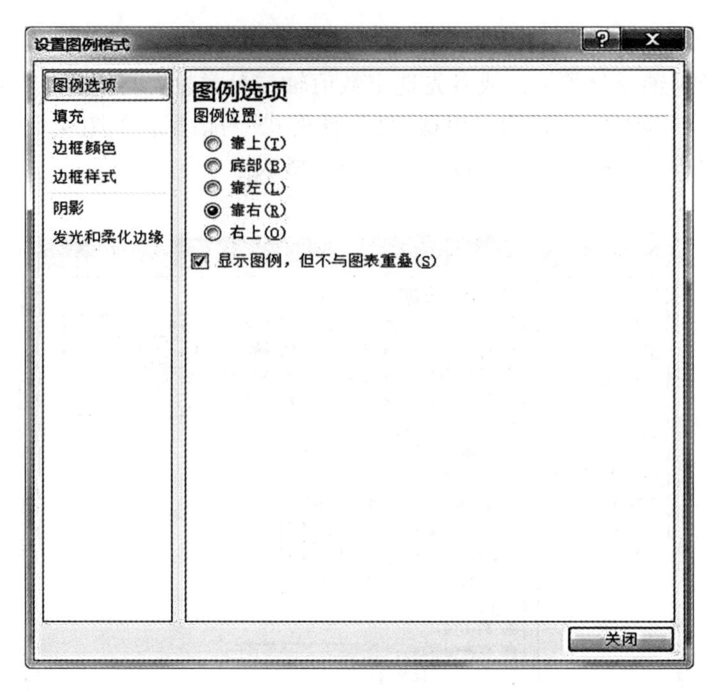

图 4.69

③双击绘图区内部的图形，或者单击绘图区内部图形后，选择“格式”菜单下的“数据系列”命令，或在“图表”工具栏上的下拉列表中选中“数据系列格式”，并单击其右侧的“数据系列格式”按钮，可出现如图 4.70 所示的对话框。在该对话框中可设置数据系列的图案、坐标轴、误差线、数据标志、系列次序和选项。

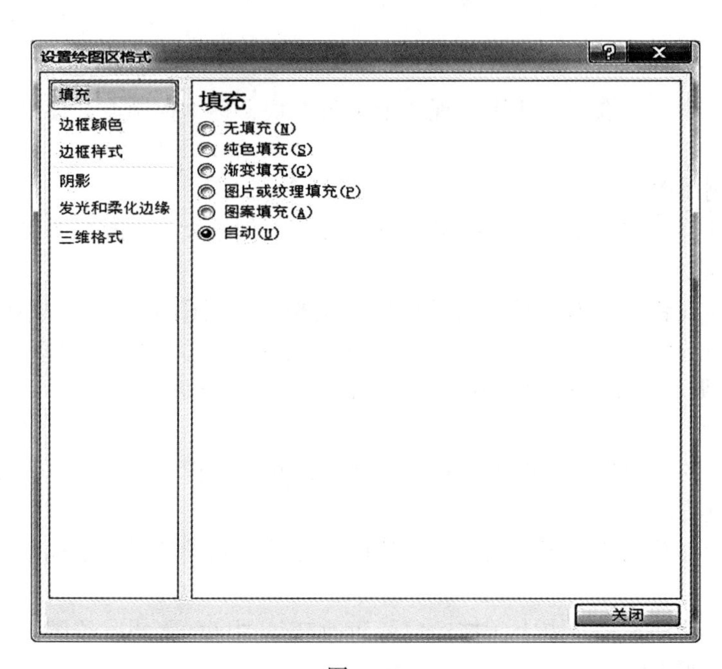

图 4.70

课 后 习 题

1. 如何在自定义快速访问工具栏添加新的工具?
2. 如何添加和删除主选项卡内的菜单?
3. 简述工作簿与工作表之间的关系。
4. 如何设置页面的纸张大小和方向?
5. 使用 Excel 快捷制作表格。主要用到的技巧是合并单元格、设置边框、插入形状。
6. Excel 中单元格的相对引用、绝对引用和混合引用有什么关系?
7. 如何将 book1 中 sheet3 复制到 book3 中的 sheet5 之前?
8. 请列举至少两种删除工作表的方法。
9. 如何用鼠标拖动法复制单元格?
10. 按下列要求操作:

(1)把标题行进行合并居中 。

(2)用函数求出总分、平均分、最大值、最小值。

(3)用总分成绩递减排序，总分相等时用学号递增排序。

(4)筛选计算机成绩大于等于 70 分且小于 80 分的纪录，并把结果放在 sheet2 中。

(5)把 sheet1 工作表命名为“学生成绩”，把 sheet2 工作表命名为“筛选结果”。

表 1　**2016 级部分学生成绩表**

学号	姓名	性别	数学	礼仪	计算机	英语	总分	平均分	最大值	最小值
201601	孙志	男	72	82	81	62				
201602	张磊	男	78	74	78	80				
201603	黄亚	女	80	70	68	70				
201604	李峰	男	79	71	62	76				
201605	白梨	女	58	82	42	65				
201606	张祥	女	78	71	70	52				

第5章　PowerPoint 演示文稿的制作

PowerPoint 是由微软公司推出的 Office 系列中的演示文稿制作软件，也就是幻灯片制作软件，是 Office 套件中的一个重要成员。使用 PowerPoint 可以方便、灵活地创建包含文字、图形、图像、动画、声音、视频等多种媒体信息组成的演示文稿，并通过计算机屏幕或投影仪等设备进行演示，信息的传播过程变得丰富多彩、生动活泼。作为 Office 的一个组成部分，其外观及操作方法都与前述 Word、Excel 保持一致。

5.1　PowerPoint 2010 基础

1. 任务描述

使用 PowerPoint 2010，创建一个“员工计算机培训讲义”的 PPT 文档。

2. 任务目标

具备创建 PowerPoint 2010 幻灯片的基本能力；熟悉 PowerPoint 2010 的界面，掌握创建和编辑幻灯片、幻灯片中对象的插入和编辑等操作，制作一个 PPT 文档。

任务1　PowerPoint 2010 的启动和退出

任务实施的步骤。

(1) PowerPoint 2010 的启动

启动 PowerPoint 2010 的方法很多，常用的方法有以下 3 种。

①从开始菜单启动。执行“开始”→“程序”→“Microsoft PowerPoint 2010”菜单命令。

②桌面快捷方式启动。双击桌面上的 PowerPoint 快捷图标。

③通过已创建的演示文稿关联启动。双击某演示文稿文件名，即可启动 PowerPoint，同时打开该演示文稿。

(2) PowerPoint 2010 的退出

①通过文件菜单退出。在 PowerPoint 2010 操作界面中，执行“文件”→ “退出”命令，可以退出 PowerPoint 2010。

②通过【关闭】按钮退出。在 PowerPoint 2010 操作界面中，单击标题栏右侧的【关闭】按钮，也可以退出 PowerPoint 2010。

③通过程序图标退出。在 PowerPoint 2010 操作界面中，单机标题栏中的程序图标，在弹出的菜单中执行“关闭”菜单项，也可以退出 PowerPoint 2010。

任务 2　PowerPoint 2010 的窗口界面

启动 PowerPoint 2010 即可进入 PowerPoint 2010 的工作界面。PowerPoint 2010 的工作界面由“标题栏”“菜单栏”“常用”工具栏、“格式”工具栏、“绘图”工具栏、“标尺”“任务窗格”和“幻灯片”编辑区组成。

(1)标题栏。

标题栏的左侧显示了 PowerPoint 2010 应用程序的名称，标题栏的右侧是【最小化】按钮、【最大化】按钮、【向下还原】按钮和【关闭】按钮。

(2)菜单栏。

菜单栏位于标题栏的下方，由 9 组菜单组成，单击菜单栏中的每一组菜单都可以弹出下拉菜单，选择下拉菜单中的菜单项即可执行相应的操作。

(3)“常用”工具栏。

常用工具栏显示了常用的工具按钮，单击“常用”工具栏中的工具按钮，可以方便对演示文稿的操作。

(4)“格式”工具栏。

格式工具栏显示了常用的编辑工具按钮，单击“格式”工具栏中的编辑工具按钮，可以简化编辑幻灯片的过程。

(5)标尺。

制作幻灯片时，使用标识可以方便、准确地对齐对象，同时，通过调节标尺也可以快速地设置页边距和段落缩进等。

(6)任务窗格。

PowerPoint 2010 的任务窗格主要包括“新建演示文稿”任务窗格、“幻灯片版式”任务窗格、“幻灯片设计”任务窗格、“自定义动画”任务窗格和“幻灯片切换”任务窗格等。

(7)幻灯片编辑区。

幻灯片编辑区是编辑幻灯片的主要区域，在幻灯片编辑区，可以为幻灯片添加文字、艺术字、图形和图片，并可以编辑添加的对象。

(8)“绘图”工具栏。

绘图工具栏显示了常用的绘图工具按钮，单击绘图工具按钮可以方便地在演示文稿中插入自选图形或图片，使演示文稿更加美观。

任务 3　了解 PowerPoint 2010 的视图种类

在 PowerPoint 2010 中，视图是从不同角度观看制作的演示文稿方法。PowerPoint 2010 提供了普通视图、幻灯片浏览视图和幻灯片放映视图。

打开演示文稿后，在菜单栏中选择“视图”选项，在弹出的子菜单中可以直接选择相应的命令，也可以通过单击工作窗口左下角的视图切换按钮(【普通视图】按钮、【幻灯片浏览视图】按钮和【幻灯片放映视图】按钮)，方便地在各种视图方式之间进行切换。

(1)普通视图。

普通视图是 PowerPoint 默认的视图方式，也是我们编辑演示文稿最常用的视图。

PowerPoint 的普通视图包括“幻灯片”窗格、“大纲”窗格和“备注”编辑区三个部分，制作文稿时，对幻灯片的编辑主要在普通视图中进行。

(2)大纲视图。

使用大纲窗格可组织和开发演示文稿中的内容，可以输入演示文稿中的所有文本，然后重新排列项目符号点、段落和幻灯片在大纲视图中的位置。在该视图中，按序号由小到大的顺序和幻灯片的内容层次的关系，显示文稿中全部幻灯片的编号、标题和主体中的文本，不显示图形和色彩，所以可以集中精力输入文本或编辑文稿中已经有的文本。

(3)幻灯片视图。

在幻灯片视图中，可以查看每张灯片中的文本外观，可以在单张幻灯片中添加图形、影片和声音，并创建超级链接以及向其中添加动画，按照由大到小的顺序显示所有文稿中全部幻灯片的缩小图像。

(4)幻灯片浏览视图。

进入幻灯片浏览视图，可以查看幻灯片的缩略图，因此在此窗口中可以同时显示多张幻灯片，同时可以对幻灯片的顺序和整体外等进行快速调整与修改，也可以方便快捷地增加或删除某些幻灯片。在此视图方式下，双击某一幻灯片，即可在普通视图中打开此幻灯片。

在浏览视图中，以在屏幕上同时看到演示文稿中的所有幻灯片，这些幻灯片是以缩略图的形式显示。这样，就可以很容易在幻灯片之间添加、删除、移动幻灯片，以及选择动画切换，还可以预览多张幻灯片上的动画。

(5)幻灯片放映视图以全屏幕形式显示幻灯片，用于将完成的演示文稿进行屏幕预演以及正式演示。单击视图按钮中的“幻灯片放映”按钮，将从当前幻灯片开始，逐张播放幻灯片，单击鼠标左键切换到下一张，直到最后。

在放映幻灯片时，我们可以在窗口任意位置单击鼠标右键，通过快捷菜单来控制放映过程。若希望结束放映，则可以按【Esc】键或者在右键快捷菜单中选择“结束放映”命令。

任务 4　制作公司培训讲义

启动 PowerPoint 2010 后，在右边的“任务窗格”中，执行“新建”列表中的“空演示文稿”命令。

执行“空演示文稿”命令后，打开“幻灯片版式”对话框。选择要应用到新幻灯片的版式。将鼠标指针放在其上停留片刻，就会出现提示文字。选择一种版式，双击就可以应用到新幻灯片上。

任务实施需要以下步骤：

(1)单击“单击此处添加标题” 占位符，输入“员工计算机培训讲义”。

(2)单击“单击此处添加标题” 占位符，输入“人事部”。

(3)执行“插入”→“新幻灯片”命令，在窗口右侧出现的“幻灯片版式”任务窗格中选择“文字版式”中的“标题和文本”选项，新插入的幻灯片就套用了该版式。在该幻灯片相应位置输入相应的内容。

(4)再执行“插入”→“新幻灯片”命令，在窗口右侧出现的“幻灯片版式”任务窗格中选择“其他版式”中的“标题和表格”选项。

(5)双击“双击此处添加表格”占位符，在弹出的“插入表格”对话框中分别输入要插入表格的行列数“5”和“4”，然后单击【确定】按钮，幻灯片中就会插入一个 5 行 4 列的表格。在“单击此处添加标题”框中输入“培训日程安排表”。

5.2　修饰和播放“员工计算机培训讲义”

1. 任务描述

使用 PowerPoint 2010 幻灯片修饰功能对演示文稿“员工计算机培训讲义”进行美化、修饰和动画设置等。

2. 任务目标

掌握对幻灯片外观的设置、幻灯片内容的格式化、幻灯片动画设置、幻灯片切换方式和播放方式等基本操作，从而美化修饰“员工计算机培训讲义”的外观和内容等。

任务 1　设置幻灯片外观

使用幻灯片模板：

(1)打开需要修改模板的演示文稿“员工计算机培训讲义”。

(2)在右侧“任务窗格”中，选择“设计选项”下的“应用设计模板”列表中的模板样式。

(3)单击“幻灯片设计”任务窗格“应用设计模板”中的“诗情画意”模板，可将选中的模板应用到所有幻灯片中。

(4)执行“格式”→“幻灯片设计”命令，在窗口右侧打开的“幻灯片设计”任务窗格中，选择“配色方案”，弹出“幻灯片设计”窗格。

(5)鼠标移动到所选的配色方案，单击右侧的下拉菜单“应用于所有幻灯片”，此时，所有幻灯片都应用了该配色方案。

任务 2　幻灯片的放映设置

任务实施需以下步骤：

(1)设置动画效果。

PowerPoint 不仅可以为整张幻灯片设置切换效果，还可以为幻灯片内部的文本、图形、图像等对象设置动画效果。

①选择第一张幻灯片，选中标题文本“员工计算机培训讲义”，执行“幻灯片放映”→“自定义动画”命令，在窗口右侧打开“自定义动画”任务窗格。

②单击“自定义动画”任务窗格中的【添加效果】按钮，打开下拉菜单。执行“进入”命令，选择“飞入”效果。

③单击【播放】按钮，可以预览动画效果，单击【幻灯片放映】按钮切换到放映方式视图。

④选中幻灯片副标题，将其进入效果设置为“菱形”。

⑤选中第二张幻灯片，选中标题文本“培训主要内容”，将其进入效果设置为“浮动”；

选中文本框的内容，并将其“进入”效果设置为“百叶窗”，方向为“垂直”，速度为“快速”。

⑥选中第三张幻灯片，选中表格，将其“进入”效果设置为“盒状”；执行“添加效果”→“强调”→“忽明忽暗”，设置其“强调”效果；单击“添加效果”→“退出”→“百叶窗”，设置其“退出”效果。

⑦依此类推，根据我们的需要设置余下的几张幻灯片。

(2)设置超级链接。

PowerPoint 2010 的超级链接功能可以把对象链接到其他幻灯片、文件或程序上。通过幻灯片中的文本、图表等对象创建超级链接，可以快速跳转到另一张幻灯片或有关内容。

①选择第二张幻灯片，选中文本“Office 2010 办公软件”，执行“插入”→“超链接”命令，弹出“插入超链接”对话框。

②选择链接到“本文档中的位置”，选择本文档中的第四张幻灯片，单击【确定】按钮完成。

③按照以上方法，依次将第二张幻灯片的文本“计算机的安全与防护”链接到第五张幻灯片，文本“计算机网络及应用”连接到第六张幻灯片。

(3)设置动作按钮。

PowerPoint 2010 自带了一些制作好的动作按钮，我们可以将这些动作按钮插入幻灯片，并为之定义超级链接，单击此按钮就可以产生一个动作，例如，放映前一张或下一张幻灯片。

①选择第三张幻灯片，执行“幻灯片放映”→“ 动作按钮”命令，在弹出的级联菜单中选择动作按钮“上一张”。在幻灯片中按住鼠标的左键不放，拖出想要的按钮大小，然后松开鼠标左键，就在幻灯片中放置一个按钮，并同时打开了“动作设置”对话框。

②单击“动作设置”对话框中的“单击鼠标”选项卡，选中【超链接到】按钮，从中选择“上一张幻灯片”，单击【确定】按钮，这样，放映幻灯片时，单击动作按钮直接跳到第二张幻灯片。

(4)创建自定义放映。

创建自定义放映，可以将已有的演示文稿中的幻灯片重新排列组合，生成一个新的放映顺序。

创建自定义放映的步骤如下：

①执行“幻灯片放映”→“自定义放映”菜单命令，弹出“自定义放映”对话框。

②单击对话框中的【新建】按钮，弹出“定义自定义放映”对话框。

③在“幻灯片放映名称”文本框中，输入自定义放映的名称，在“演示文稿中的幻灯片”中，选取要添加到自定义放映的幻灯片一栏中，并且可以利用右边的上下箭头改变幻灯片的放映次序，单击【确定】按钮退回到“定义自定义放映”对话框。

④如果我们希望再多建几组自定义放映，可以重复步骤(2)~(3)的操作。

⑤单击【关闭】按钮，完成自定义放映的创建。

(5)设置放映方式。

执行“幻灯片放映”→“设置放映方式”命令，将打开“设置放映方式”对话框。在该对话框中，选择放映类型和需要放映的幻灯片。

PowerPoint 2010 提供了 3 种不同的放映幻灯片的方式：演讲者放映、观众自行浏览和在展台浏览，它们分别适用于不同的播放场合。

①演讲者放映。在演讲者放映方式下，我们可以全屏幕查看演示文稿并控制放映，是一种常用的放映方式。

②观众自行浏览。在观众自行浏览方式适用于小规模的演示。放映时演示文稿会出现在一个小型窗口内，在该窗口中提供了一些简单的命令，供放映时移动、编辑、复制和打印幻灯片。

在这种方式中，可以利用滚动条从一张幻灯片移动到另一张幻灯片，并同时运行其他程序，还可以在演示窗口中显示 Web 工具栏，用来浏览其他演示文稿和 Office 文档。

③在展台浏览。在展台浏览方式将以全屏演示的形式，自动反复地运用演示文稿。它适用于在展台等无人管理的场合放映幻灯片，此时除了鼠标、超级链接和动作按钮外，大多数菜单和命令都失效，演示文稿不会被改动，演示文稿每次放映结束都会自动重新开始放映。

(6)设置放映时间

放映幻灯片有两种方式：人工放映和自动放映。若采用自动放映方式，我们需要为每张幻片设置放映的时间。设置放映时间的方法有两种：一是人工为每张幻灯片设置时间，然后进行幻灯片放映并查看所设置的时间：二是使用排练功能，通过多次排练选择最佳幻灯片放映时间。

这里我们利用排练功能，简单地介绍如何设置放映时间。

执行“幻灯片放映”→“ 排练计时”命令，就会进入到幻灯片放映界面，同时屏幕上出现“预演”工具栏，利用该工具栏能方便地进行放映时间的设置。

单击按钮，可以播放下个动画对象，单击按钮可以暂停幻灯片的放映并停止计时，单击按钮，可重新进行当前幻灯片的排练计时。如果保存该放映时间，并把它作为下次演示时的放映时间，那么下次演示时 PowerPoint 2010 会自动采用该时间。

3. 任务总结

在本次工作中，我们对制作的“员工计算机培训”进行了美化修饰。掌握了在幻灯片中应用设计模板，对幻灯片背景应用配色方案等。动画是演示文稿的一大特色，在工作中，我们掌握了设置幻灯片中的对象动画，幻灯片的切换效果；同时也掌握了在幻灯片对象上插入超链接和动作按钮这些操作。

5.3　演示文稿的放映与打包

1. 任务描述

设置好演示文稿后，就可以对演示文稿进行播放演示；还可以打包，进行异地演示与使用。

2. 任务目标

掌握幻灯片放映的启动、退出，掌握各种控制幻灯片放映的方式。了解并熟悉演示文稿的打包功能。

任务 1 演示文稿的播放演示

设置好演示文稿的放映效果之后，就可以对演示文稿进行播放演示了。

(1)放映幻灯片。

放映幻灯片可以在 PowerPoint 2010 中进行，也可以直接在 Windows 环境下进行。如果在 PowerPoint 2010 中放映，那么放映完之后演示文稿仍然处于打开状态，我们可以继续编辑该文稿。若演示文稿是在 Windows 环境下放映的，那么放映完毕 PowerPoint 2010 会自动关闭，返回到 Windows 界面上。

①在 PowerPoint 2010 中启动幻灯片放映。

方法一：单击演示文稿视图转换区的【幻灯片放映】按钮。

方法二：执行“幻灯片放映”→“观看放映”命令。

方法三：执行“视图”→“幻灯片放映”命令。

②在桌面上激活幻灯片放映。

若将演示文稿保存 . ppt 格式的文件，则可以在“我的电脑”或“资源管理器”中找到该文件，使用鼠标右键单击该文件，在弹出的快捷菜单中选择“显示”命令。

③将演示文稿保存为自动放映的类型。

打开要保存的演示文稿，执行“文件”→“另存为”命令，在出现的“另存为”对话框的保存类型下拉列表框中，选择“PowerPoint 放映(* . ppt)”选项，就可以为新文件重新取名，单击【确定】按钮，即可将演示文稿保存为自动放映的类型。这样当需要放映该文稿时，只要在“我的电脑”或“资源管理器”中双击该文件，即可放映演示文稿。

(2)利用鼠标控制幻灯片放映。

在幻灯片放映过程中，移动鼠标后，在屏幕的左下角，会出现一个控制按钮，单击该按钮或在幻灯片上直接单击鼠标右键，将会出现快捷菜单，可以选择菜单中的命令，来控制幻灯片的放映，如可以定位放映某一张幻灯片，查看该幻灯片的内容，还可以利用绘图笔在放映的幻灯片上画重点或绘制简单图形等。

任务 2 演示文稿的打包

实施步骤

(1)打包。

利用 PowerPoint 2010 的打包功能，可以在没有安装 PowerPoint 2010 的计算机上，也可以运行自己制作的演示文稿。

执行“文件”→“打包”命令，打开“打包向导”对话框，在该向导程序中，根据向导的提示信息，依次选择打包的源文件，打包后生成文件存放的目标，是否包含链接文件、字体及播放器，最后单击【完成】按钮，即可开始打包。这样 PowerPoint 2010 会把演示文稿连同 PowerPoint 2010 播放器一起以“play. bat”为名存放到目标文件夹中。

若希望在别的计算机上运行演示，则只需要在该计算机上，打开目标文件夹中一个名为 png setup 的程序，来解开已打包的演示文稿即可。

(2)异地播放。

将打包文件带到另一台计算机，打开打包文件夹，双击“pay. bat”，即便是没有 PowerPoint 软件，也可播放演示文稿。

(3) PPT 文档打包成 CD。

PowerPoint 2010 新增了一个把 PPT 演示文稿打包成 CD 的功能，可打包演示文稿和所有支持文件，包括链接文件，并从 CD 自动运行演示文稿。具体操作步骤如下：

①打开要打包的演示文稿。如果正在处理以前未保存的新的演示文稿，建议先进行保存。

②将空白的可写入 CD 插入刻录机的 CD 驱动器中。

③执行“文件”→“打包成 CD”命令。

④在“将 CD 命名为”文本框中，为 CD 输入名称。

⑤若要添加其他演示文稿或其他不能自动打包的文件，则单击【添加文件】按钮，选择要添加的文件，然后单击【添加】按钮。

⑥默认情况下，演示文稿被设置为按照“要复制的文件”列表中排列的顺序进行自动运行，若要更改播放顺序，请选择一个演示文稿，然后单击向上键或向下键，将其移动到列表中的新位置；若要删除演示文稿，请选中它，然后单击【删除】按钮。

⑦单击【复制到 CD】按钮即可。

注意：关于打包需要注意以下几点：

- 直接从 PowerPoint 2010 中刻录 CD 需要 Windows XP 或更高版本，如果使用 Windows 2000，则可将一个或多个演示文稿打包到文件夹中，然后使用第三方 CD 刻录软件将演示文稿复制到 CD 上。
- 在打包演示文稿时，Microsoft Office PowerPoint Viewer 也包含在 CD 上。因此，没有安装 PowerPoint 2010 的计算机不需要安装播放器，也可自动播放打包 CD。
- 你必须在 PowerPoint 2010 中打开演示文稿，才能使“文件”菜单上的“打包成 CD”命令可用。PowerPoint 2010 播放器不支持 PowerPoint 95 或更早版本的文件格式，只能查看兼容 PowerPoint97 或更高版本的文件。
- 因为 PowerPoint 播放器不允许演示文稿编辑，所以当打包演示文稿时，修改演示文稿的密码被忽略，但是可以添加或修改密码以保护 CD 上的所有打包内容。

3. 任务总结

演示文稿的制作过程和制作原则如下。

(1)演示文稿的制作，一般要经历下面几个步骤：

①准备素材：主要是准备演示文稿中所需要的一些图片、声音、动画等文件。

②确定方案：对演示文稿的整个构架进行设计。

③初步制作：将文本、图片等对象输入或插入到相应的幻灯片中。

④装饰处理：设置幻灯片中的相关对象的要素(包括字体、大小、动画等)，对幻灯片进行装饰处理。

⑤预演播放：设置播放过程中的一些要素，然后查看效果，直至满意后正式输出播放。

(2)演示文稿的制作原则。

①主题鲜明，文字简练

②结构清晰，逻辑性强

③和谐醒目，美观大方

④生动活泼，引人入胜

(3)核心原则：醒目。要使人看得清楚，达到交流的目的。

课后习题

1. 填空题

(1)当启动 PowerPoint 2010 后，在 2010 对话框中列出了________、________和________ 3 种用 PowerPoint 2010 创建新演示文稿的方法。

(2)如要在幻灯片浏览视图中选定若干张幻灯片，那么应先按住________键，再分别单击各幻灯片。

(3)在________和________视图下可以改变幻灯片的顺序。

2. 选择题

(1)PowerPoint 2010 演示文稿的扩展名是________。

A. doc　　B. . xls　　C. ppt　　D. pot

(2)下列不是 PowerPoint 2010 视图的是________。

A. 普通视图　　B. 幻灯片视图　　C. 备注页视图　　D. 大纲视图

(3)使用________下拉菜单中的“背景”命令改变幻灯片的背景。

A. 格式　　B. 幻灯片放映　　C. 工具　　D. 视图

(4)在录制旁白时无法进行选择的选项是________。

A. CD 音质　　B. 收音机音质　　C. 录音笔音质　　D. 电话音质

(5)下列关于排练计时的叙述中错误的是________。

A. 在排练时无法设置暂停的功能

B. 如果其中一张幻灯片排练错误，仍可以重新设置计时的时间

C. 排练完成后，若不满意仍可以删除换页的计时

D. 选择“幻灯片放映”→“排练计时”命令，即可打开“预演”工具栏

3. 判断题

(1)一张幻灯片就是一个演示文稿。

(2)幻灯片中不能设置页眉/页脚。

(3)幻灯片打包时，可以把播放软件一起打包。

(4)在 PowerPoint 2010 中，不能插入 Excel 图表。

(5)当演示文稿按照自动放映方式播放时，按【Esc】键可以停止播放。

4. 问答题

(1) PowerPoint 中提供了哪几种视图?

(2)如何创建自己的设计模板?

(3)如何自定义配色方案?

(4)怎样在幻灯片中添加自动定义动画方案效果?

(5)如何设置自定义放映?

(6)如何在大纲视图或幻灯片视图中输入文稿?

(7)如何选定和撤销选定图形?如何重新设定图形大小?

(8)打包后的 PPT 文件类型是什么?

(9)在 PowerPoint 2010 中，添加新幻灯片的快捷键是什么?

(10)在放映过程中，如何放映已经定义为隐藏的幻灯片?

(11)如何给 PPT 文件添加“备注”?

(12)PPT 有哪几种视图?

第6章　多媒体软件应用

多媒体技术是20世纪80年代发展起来并得到广泛应用的计算机新技术。在20世纪90年代以后，随着计算机技术以及网络的发展，多媒体技术也随之得到了飞速发展，并使它在教育、商业、文化娱乐、通信以及工程设计等领域得到了广泛应用。目前，多媒体技术及应用已遍及社会生活的各个方面，并且进入家庭。多媒体计算机的性能也在不断地提高，使得处理声音、图像、视频等更加方便，大大增强了计算机应用的深度和广度，给人类的工作和生活方式带来了巨大的变化。

6.1　多媒体技术基础

6.1.1　多媒体技术的概念

1. 媒体与多媒体

媒体又称载体或介质，原义是“things in the middle”，指信息表达、传送和存储最基本的技术和手段。根据ITU(International Telecommunication Union，国际电信联盟)的定义，媒体有下列五种类型：

(1)感觉媒体。能直接作用于人的感官，使人产生感觉的媒体。感觉媒体包括人类的语言、音乐和自然界的各种声音、活动图像、图形、动画、文本等。

(2)表示媒体。为传输感觉而研究出来的中间手段，以便能更有效地将感觉从一地传向另一地。表示媒体包括各种语音编码、音乐编码、图像编码、文本编码、活动图像编码和静止图像编码等。

(3)显示媒体。指为人们再现信息和获取信息的物理工具和设备。如显示器、扬声器、打印机等输出类表现媒体，以及键盘、鼠标、扫描仪等输入类表现媒体。

(4)存储媒体。用于存储数据的媒体，以便本机随时调用或供其他终端远程调用。存储介质有硬盘、软盘、光盘、磁带等。

(5)传输媒体。用于将表示媒体从一地传输到另一地的物理实体。传输媒体的种类很多，如电话线、双绞线、同轴电缆、光纤、无线电和红外线等。

媒体(Media)在计算机领域有两种含义：一是指存储和传递信息的实体，如光盘、磁盘等，一般称为媒质；二是指表示和传播信息的载体，如文字、图像、声音、动画和视频等，常称为媒介。多媒体技术的媒体指的是后者。

多媒体一词译自英文：Multimedia，其核心词是媒体(Media)。多媒体(Multimedia)可以理解为文字、图形、图像、声音、动画和视频等多种媒体合成的人交互信息交流和传播媒体。目前的多媒体系统大多只利用了人的视觉、听觉和触觉，而味觉、嗅觉尚未集成进来。计算机视觉也主要在可见光部分，随着技术的进步，多媒体的含义和范围还将扩展。计算机能处理的多媒体信息从时效上可分为两大类：一是静态媒体，包括文字、图形、图像等；二是动态媒体。包括声音、动画、视频等。

2. 多媒体技术

多媒体技术是指利用计算机在多种媒体信息之间建立起逻辑联系并进行加工处理，使之一体化的技术。对媒体的加工处理主要是指对媒体数据的录入、信息的压缩和解压、存储、显示、传输等。概而言之，多媒体技术是一种以计算机的数字化信息处理功能为基础，包括有音频和视频技术、计算机硬件和软件技术、人工智能和模式识别技术、通信和图像处理技术等各门类的一项跨学科的综合技术。

6.1.2　多媒体信息的类型

多媒体信息是指多媒体应用中可显示给用户的信息形式。在多媒体对象的表示中，含有多种不同的数据类型。基本类型包括：文本、图形、图像、音频、视频和动画。

1. 文本

文本(Text)是以文字和各种专用符号表达的信息形式，它是现实生活中使用得最多的一种信息存储和传递方式。文本包括字母、数字以及各种专用符号等。

“超文本”(Hypertext)是应用于计算机的一种文本格式，使用“超文本”时能链接到与文本相关联的内容，让计算机能够响应人的思维以及能够方便地获取所需要的信息。

超文本的真正含义是“链接”的意思，用来描述计算机中的文件的组织方法。其实超文本也是一种文本，它和书本上的文本是一样的。但与传统的文本文件相比，它们之间的主要差别是，传统文本是以线性方式组织的，而超文本是以非线性方式组织的。这里的“非线性”是指文本中遇到的一些相关内容通过链接组织在一起，用户可以很方便地浏览这些相关内容。这种文本的组织方式与人们的思维方式和工作方式比较接近。

2. 图形

图形(Graphics)是指从点、线、面到三维空间的黑白或彩色几何图，一般指用计算机绘制的画面。由于在图形文件中只记录生成图的算法和图上的某些特征点(几何图形的大小、形状及其位置等)，因此称为矢量图。图形的格式是一组描述点、线、面等几何元素特征的指令集合，绘图程序就是通过读取图形格式指令，并将其转换为屏幕上可显示的形状和颜色而生成图形的软件。在计算机上显示图形时，相邻的特征点之间的曲线用诸多的小直线连接形成。若曲线围成一个封闭的图形，也可用着色算法来填充颜色。

3. 图像

图像(Image)是指通过绘制、摄制或印制的形象。可由输入设备(扫描仪、数码相机、摄像机等)进行画面录入，数字化后以位图形式存储。图像能表现对象的细节和质感，图像占用存储空间大，常采用压缩技术，实现图像的存储和传输。常用的图像处理软件有Photoshop 等。

4. 音频

音频(Audio)包括音乐、话语以及各种动物和自然界(如风、雨、雷电等)发出的各种声音。多媒体计算机处理音频信号时，通过采样、量化和编码过程把模拟音频信号转化为离散的数字信号进行存储、处理和传输。

5. 视频

视频(Video)是由若干有联系的图像数据连续播放形成的。视频主要来自摄像机拍摄的连续场景画面。多媒体计算机处理的视频信号必须是数字化的信号。按照信息载体的不同，视频可以分为数字视频和模拟视频，它们分别被保存为数字信号或电磁信号的格式。

6. 动画

动画(Animation)就是运动的图画。动画是利用人的视觉暂留特性，在人脑中产生物体运动的形象。计算机动画就是利用计算机生成一系列可供实时演播的画面技术。它可辅助动画影片的制作，也可通过对三维空间中虚拟摄像机、光源及物体运动和变化的描述，逼真地模拟客观世界中真实或虚构的三维场景随时间而演变的过程。由计算机生成的一系列画面可以在显示屏上动态地演示，也可将它们记录在电影胶片上或转换成视频信息输出到录像带上。计算机动画通常可通过 Flash、3DMAX 等软件制作。特别是将动画用于电影特技，使电影动画技术与实拍画面相结合，效果极佳。

6.1.3 多媒体技术的基本特性

多媒体技术是一门综合性的高新技术，它是集声音、图像、视频和动画等多种媒体于一体的信息处理技术。多媒体技术使用计算机综合处理多种媒体信息，在多种信息之间建立逻辑连接，集成为一个系统并具有交互性。多媒体技术所处理的文字、声音、图像、图形等媒体数据是一个有机的整体，而不是一个个“分立”信息类的简单堆积，多种媒体间无论在时间上还是在空间上都存在着紧密的联系，是具有同步性和协调性的群体。因此，多媒体技术的特性在于信息载体的多样性、交互性、集成性和实时性，这也是多媒体技术研究中必须解决的主要问题。

(1)多样性。多样性是指多媒体技术具有对处理信息的范围进行空间扩展和综合处理的能力，体现在信息采集、传输、处理和呈现的过程中，涉及多种表示媒体、呈现媒体、存储媒体和传输媒体，或者多个信源或信宿的交互作用。信息载体的多样化使计算机所能处理的信息空间范围扩展和放大，而不再局限于数值、文本或特殊领域的图形和图像。多媒体就是要将机器处理的信息多维化，通过信息的捕获、处理与展现，使之在交互过程中具有更加广阔和更加自由的空间，满足人类感官空间全方位的多媒体信息要求。

(2)交互性。交互性是指用户与计算机之间进行数据交换、媒体交换和控制权交换的一种特性，它提供了用户更加有效地控制和使用信息的手段。多媒体系统一般具有如下功能：捕捉、操作、编辑、存储、显现和通信，用户能够控制声音、影像，建立用户和用户之间、用户和计算机之间的数据双向交流的操作环境，以及多样性、多变性的学习和展示环境。当交互性引入时，活动(Activity)本身作为一种媒体介入了信息转变为知识的过程。借助于活动，我们可以获得更多的信息，增加对信息的注意力和理解，延长信息的保留时间。

(3)集成性。多媒体技术是多种媒体的有机集成，也包括传输、存储和呈现媒体设备的集成。这种集成性是信息系统层次的一次飞跃。早期，各项技术都是单一应用。多媒体系统将它们集成起来以后，充分利用了各媒体之间的关系和蕴涵的大量信息，使它们能够发挥综合作用。随着多媒体技术的发展，这种综合系统效应越来越明显。如果没有数据压缩技术的进步，多媒体就不能快速、实时地综合处理声音、文字、图像信息，难以实现系统的集成功能。

(4)实时性。当多种媒体集成时，其中的声音和运动图像是与时间密切相关的，甚至是实时的。因此，多媒体技术必然要支持实时处理，这是同步传达声音和图像所必需的。例如视频会议系统就是一种实时的多媒体软件应用的实例，要求传输的声音和图像必须同步等。

多媒体技术不是各种信息媒体的简单复合，它是一种把文本(Text)、图形(Graphics)、图像(Images)、动画(Animation)和声音(Sound)等形式的信息结合在一起，并通过计算机进行综合处理和控制，使用交互式操作的信息技术。多媒体技术的发展扩展了计算机的使用领域，使计算机由办公室、实验室中的专用品变成了信息社会中的普通工具，广泛应用于工业生产管理、学校教育、公共信息咨询、商业广告、军事指挥与训练，甚至家庭生活与娱乐等领域。

6.2　图像处理

数字图像处理是指将图像信号转换成数字信号并利用计算机对其进行处理的过程。图像处理最早出现于20世纪50年代，当时的电子计算机已经发展到一定水平，人们开始利用计算机来处理图形和图像信息。数字图像处理作为一门学科形成于20世纪60年代初期。早期的图像处理的目的是改善图像的质量，它以人为对象，以改善人的视觉效果为目的。图像处理中，输入的是质量低的图像，输出的是改善质量后的图像，常用的图像处理方法有图像增强、复原、编码、压缩等。

6.2.1　数字图像基础

1. 图像的基本属性

亮度：也称为灰度，它是颜色的明暗变化，常用0~100%（由黑到白）表示。图6.1是不同亮度对比。

图6.1　亮度对图像色彩的影响

对比度：是画面黑与白的比值，也就是从黑到白的渐变层次。比值越大，从黑到白的渐变层次就越多，从而色彩表现越丰富(见图 6.2)。

图 6.2　对比度对图像色彩表现的影响

直方图：表示图像中具有每种灰度级的像素的个数，反映图像中每种灰度出现的频率。图像在计算机中的存储形式，就像是有很多点组成一个矩阵，这些点按照行列整齐排列，每个点上的值就是图像的灰度值，直方图就是每种灰度在这个点矩阵中出现的次数。我们可以具体看一下下面两个不同图形的灰度直方图(见图 6.3)。

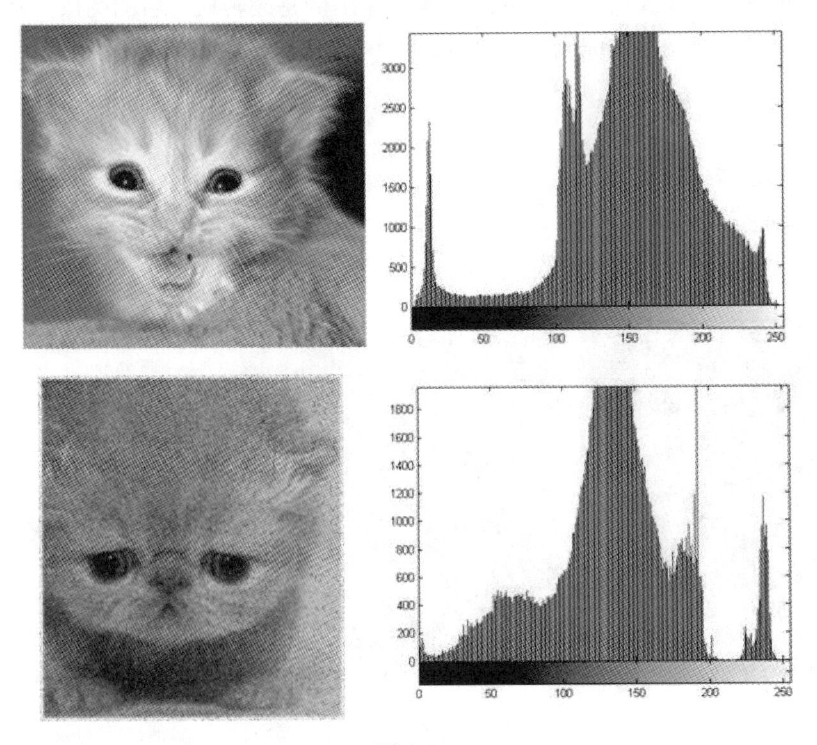

图 6.3

图像的噪声：就像对于听觉而言，在打电话时对方说话我们有时候会听到很嘈杂的噪声，以至于听不清楚对方在说什么。同样的，对于图像，原本我们可以很清晰地看到一幅图像，但是有时候图像上会有一些我们不需要的图案，使我们无法很清楚地看清一幅图，这就是图像的噪声(见图 6.4)。

带噪声的图

无噪声图

图 6.4

图像的色彩：

(1)色彩的三要素。

任何一种颜色都是可以用色相、明度和纯度这 3 个物理量来确定，称为色彩的三要素。

色相：即色彩的相貌和特征。自然界中色彩的种类很多，色相指色彩的种类和名称。如红、橙、黄、绿、青、蓝、紫等颜色的种类变化就叫色相。

明度：指色彩的亮度或明度。颜色有深浅、明暗的变化。比如，深黄、中黄、淡黄、柠檬黄等黄颜色在明度上就不一样，紫红、深红、玫瑰红、大红、朱红、橘红等红颜色在亮度上也不尽相同。这些颜色在明暗、深浅上的不同变化，也就是色彩的又一重要特征——明度变化。色彩的明度变化有许多种情况，一是不同色相之间的明度变化。如：白比黄亮、黄比橙亮、橙比红亮、红比紫亮、紫比黑亮；二是在某种颜色中加白色，亮度就会逐渐提高，加黑色亮度就会变暗，但同时它们的纯度(颜色的饱和度)就会降低，三是相同的颜色，因光线照射的强弱不同也会产生不同的明暗变化。

纯度：指色彩的鲜艳程度，也叫饱和度。原色是纯度最高的色彩。颜色混合的次数越多，纯度越低，反之，纯度则高。原色中混入补色，纯度会立即降低、变灰。物体本身的色彩，也有纯度高低之分，西红柿与苹果相比，西红柿的纯度较高，苹果的纯度较低。

(2)三基色和混色。

人们在对人眼进行混色实验时发现：只要用 3 种不同颜色的光按一定比例混合就可以得到自然界中绝大多数的颜色。例如，将红、绿、蓝 3 光投射在白色屏幕上的同一位置，不断改变三束光的强度比，就可在白色屏幕上看到各种颜色。通常把具有这种特性的 3 颜色叫三基色。彩色电视中使用的三基色就是红(R)、绿(G)、蓝(B)三色。

对三基色进行混色实验可得如下结论：红+绿→黄，蓝+黄→白，绿+蓝→青，红+绿+蓝→白，黄+青+紫→白。通常把黄、青、紫叫三基色的3个补色。

2. 数字图像的分类

计算机中的图像有两类：一类是点阵图(也叫位图)，另一类是矢量图。通常把点阵图称为图像，把矢量图称为图形。

矢量图是用一系列计算机指令来描述的，一幅图由一系列图元，如点、线、面等组成。位图是用像素点来描述的，即描述每个像素点的颜色和亮度。由于矢量图和位图的表达方式和产生方式不同，因而两者具有不同的特点。

位图可以采用将自然图像进行模数转换的方式来获取，这个过程称为图像的扫描。一幅位图是由许多描述单个像素的数据组成的，这些数据通常称为图像数据，而这些数据作为一个文件来存储，称为图像文件。在以后的讨论中，我们主要介绍位图的编辑处理。

3. 图像的主要参数

(1)图像分辨率与显示分辨率。

图像分辨率即图像中每单位长度的像素数目，通常以像素/英寸(ppi)表示。相同尺寸、不同分辨率的两幅图像，分辨率高的图像其包含的像素数目较多，清晰度也较高。

显示分辨率有最大显示分辨率和当前显示分辨率之分。最大显示分辨率即显示器的分辨率，取决于显示器的大小和显示卡的参数，如显示卡的显示缓存；当前显示分辨率由当前在操作系统的设置来选择的。通常显示分辨率用屏幕上显示的“横向点数×纵向点数”来表示，如“1024×768”等。

(2)图像色彩深度与颜色模式。

图像色彩深度也称颜色浓度或位深度，是指位图中记录每个像素点所占的位数。它用来度量图像中有多少颜色信息可用于显示或打印，较大的图像色彩深度意味着图像具有较多的可用颜色和较精确的颜色表示。

颜色模式除了确定图像中能显示的颜色数之外，还影响图像的通道数和文件大小。颜色模式有RGB、CMYK、Lab、位图、灰度、索引、多通道等很多种，下面简单介绍两种常见的颜色模式：RGB和CMYK。

RGB模式就是给彩色图像中每个像素的R(红)、G(绿)、B(蓝)三个分量各分配一个0~255范围的强度值，例如，白色的R、G、B值都是255，黑色的R、G、B值都是0。RGB模式通过三种颜色的叠加，也就是色彩的加色法来产生其他的颜色，属于加色模型，通常用于光照、视频和显示器。这三种颜色混合可产生256×256×256=16777216种不同的颜色，虽然没有包括自然界中所有的颜色，但已经完全满足显示和出版印刷的需要。

CMYK模式是一种基于印刷处理的颜色模式，纸张上的颜色是通过油墨来产生的，不同油墨的混合也会产生各种不同的颜色。由于油墨不能像显示器那样发光，不能通过光的叠加来产生不同的颜色，但它可以吸收和反射光线，利用不同油墨对色光有选择地吸收。

把其余色光反射来产生不同的颜色。CMYK模式对应的是印刷用的四种油墨颜色，即青(C)、品红(M)、黄(Y)、黑(K)。由于C、M、Y三种颜色混合产生的黑色不纯正，特别另加黑色。

4. 图像数据的容量

在扫描生成一幅图像时，实际上就是按一定的图像分辨率和一定的图像色彩深度对模拟图片或照片进行采样，从而生成一幅数字化的图像。图像的分辨率越高、图像色彩深度越深，则数字化后的图像效果就越逼真、图像数据量越大。如果是按照像素点及其色彩深度映射的图像数据大小可用下面的公式来估算：

图像数据量=图像的总像素×图像色彩深度/8(Byte)

例如，一幅1024×768真彩色(24位)的图像，其文件大小约为：

1024×768×24/8=2359296Byte=2.25MByte

5. 图像压缩的基本概念

数字图像由于数据量很大，不仅占用存储空间，而且影响传输。因此，图像处理的重要内容之一就是图像的压缩编码。图像的压缩可采用无损压缩和有损压缩两种方法。

无损压缩是将图像中具有相同或相似的数据特征(相邻像素间的色彩、亮度基本相同)的像素进行归类，用较少的数据量描述原始数据。采用无损压缩的文件可以完全还原，不会影响文件内容，对于数码图像而言，也就不会使图像细节有任何损失。而有损压缩是利用人眼对图像的某些成分(如颜色的急剧过渡部分)不敏感的特性，允许压缩过程中损失一定的信息，但所损失的信息对人眼观看图像的影响很小甚至不影响。

6. 常用的图像文件

常用的图像文件有：JPEG格式、BMP格式、PSD格式、GIF格式、TGA格式、TIFF格式等。

6.2.2 数字图像处理常用方法

(1)图像变换：由于图像阵列很大，直接在空间域中进行处理，涉及计算量很大。因此，往往采用各种图像变换的方法，如傅立叶变换、沃尔什变换、离散余弦变换等间接处理技术，将空间域的处理转换为变换域处理，不仅可减少计算量，而且可获得更有效的处理(如傅立叶变换可在频域中进行数字滤波处理)。目前新兴研究的小波变换在时域和频域中都具有良好的局部化特性，它在图像处理中也有着广泛而有效的应用。

(2)图像编码压缩：图像编码压缩技术可减少描述图像的数据量(即比特数)，以便节省图像传输、处理时间和减少所占用的存储器容量。压缩可以在不失真的前提下获得，也可以在允许的失真条件下进行。编码是压缩技术中最重要的方法，它在图像处理技术中是发展最早且比较成熟的技术。

(3)图像增强和复原：图像增强和复原的目的是为了提高图像的质量，如去除噪声，提高图像的清晰度等。图像增强不考虑图像降质的原因，突出图像中所感兴趣的部分。如强化图像高频分量，可使图像中物体轮廓清晰，细节明显；如强化低频分量可减少图像中噪声影响。图像复原要求对图像降质的原因有一定的了解，一般讲应根据降质过程建立“降质模型”，再采用某种滤波方法，恢复或重建原来的图像。

(4)图像分割：图像分割是数字图像处理中的关键技术之一。图像分割是将图像中有意义的特征部分提取出来，其有意义的特征有图像中的边缘、区域等，这是进一步进行图像识别、分析和理解的基础。虽然目前已研究出不少边缘提取、区域分割的方法，但还没有一种普遍适用于各种图像的有效方法。因此，对图像分割的研究还在不断深入之中，是目前图像处理中研究的热点之一。

(5)图像描述：图像描述是图像识别和理解的必要前提。作为最简单的二值图像可采用其几何特性描述物体的特性，一般图像的描述方法采用二维形状描述，它有边界描述和区域描述两类方法。对于特殊的纹理图像可采用二维纹理特征描述。随着图像处理研究的深入发展，已经开始进行三维物体描述的研究，提出了体积描述、表面描述、广义圆柱体描述等方法。

(6)图像分类(识别)：图像分类(识别)属于模式识别的范畴，其主要内容是图像经过某些预处理(增强、复原、压缩)后，进行图像分割和特征提取，从而进行判决分类。图像分类常采用经典的模式识别方法，有统计模式分类和句法(结构)模式分类，近年来新发展起来的模糊模式识别和人工神经网络模式分类在图像识别中也越来越受到重视。

6.2.3 数字图像处理技术的应用

随着计算机技术的发展，图像处理技术已经深入我们生活中的方方面面，其中，在娱乐休闲上的应用已经深入人心。图像处理技术在娱乐中的应用主要包括：电影特效制作、电脑电子游戏、数码相机、视频播放、数字电视等。

电影特效制作：自从 20 世纪 60 年代以来，随着电影中逐渐运用了计算机技术，一个全新的电影世界展现在人们面前，这也是一次电影的革命。越来越多的计算机制作的图像被运用到了电影作品的制作中。其视觉效果的魅力有时已经大大超过了电影故事的本身。如今，我们已经很难发现在一部电影中没有任何的计算机数码元素。

电脑电子游戏：电脑电子游戏的画面，是近年来电子游戏发展最快的部分之一。从 1996 年到现在，游戏画面的进步简直可以用突飞猛进来形容，随着图像处理技术的发展，众多在几年前无法想象的画面在今天已经成为平平常常的东西。

数码相机：所谓数码相机，是一种能够进行拍摄，并通过内部处理把拍摄到的景物转换成以数字格式存放图像的特殊照相机。与普通相机不同，数码相机并不使用胶片，而是使用固定的或者是可拆卸的半导体存储器来保存获取的图像。数码相机可以直接连接到计算机、电视机或者打印机上。在一定条件下，数码相机还可以直接接到移动式电话机或者手持 PC 机上。由于图像是内部处理的，所以使用者可以马上检查图像是否正确，而且可以立刻打印出来或是通过电子邮件传送出去。

视频播放与数字电视：播放器和数字电视中，大量使用了视频编码解码等图像处理技术，而视频编码解码等图像处理技术的发展，也推动了视频播放与数字电视象高清晰，高画质发展。

6.2.4 数字图像处理工具软件

(一) ACDSee

ACDSee 是一个较流行的图片浏览软件。ACDSee 支持几乎所有的图片文件格式，它能以多种方式浏览图片，并能对图片进行简单的处理，比如格式转换、大小调整、旋转等。

ACDSee 提供两种看图模式：图像浏览器模式和图像观察器模式，它们的显示方式有所不同。图像浏览器模式主要用来选择和预览图像；图像观察器模式主要用来详细观看在图像浏览器窗口中选定的图像，还可以自动播放所选定的图像。

启动 ACDSeeV8.0 程序后出现如图 6.5 所示的主界面。本节结合实例介绍 ACDSee 工具软件的使用方法及操作技巧。

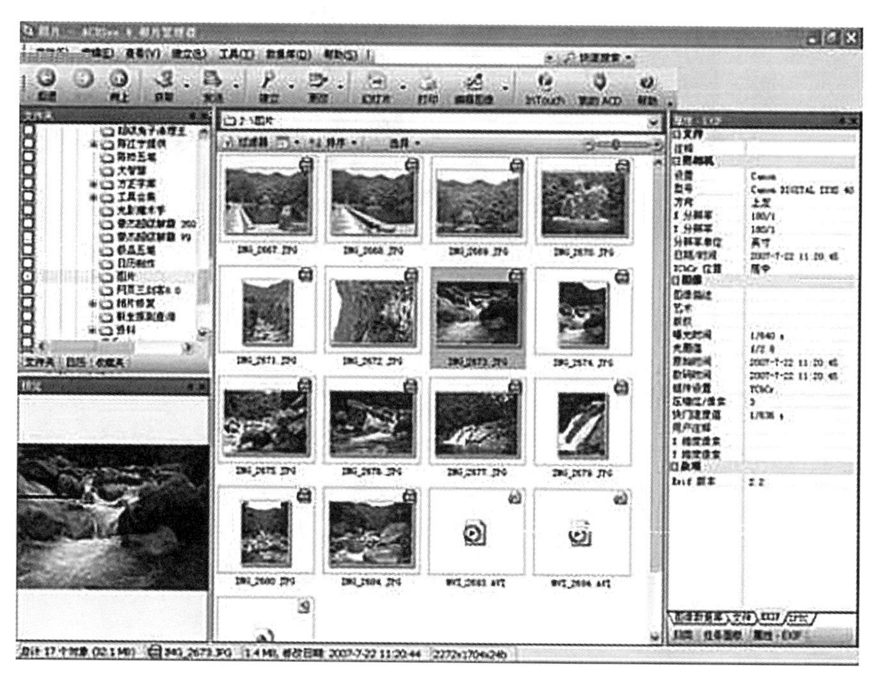

图 6.5　ACDSee 主界面

1. 浏览图像

【例 6-1】 浏览文件夹“D：\ 图片”下的图片。

步骤：

(1)在左上角的文件夹窗口选择需要显示的图片文件所在的文件夹(D：\ 图片)，软件会在中间的文件列表窗口中显示其中的文件。

(2)在文件列表窗口空白处点击鼠标右键，选择“查看”方式为“缩略图”，窗口中的文件将以缩略图的形式(即图像浏览器模式)显示。

(3)用鼠标双击需要显示的图像文件，打开图像观察器窗口(即图像观察器模式)观看图片，如图 6.6 所示。

(4)单击工具栏中“上一幅”或“下一幅”按钮可显示前一张或后一张图片。

(5)单击工具栏中的“自动播放”按钮，可自动顺序播放图片。随时可以按键盘左上角的“ESC”键返回到图像浏览器模式。

图 6.6　图像观察器窗口

2. 图片的旋转

【例 6-2】　将文件夹“D：\ 图片 \ IMG_2672. JPG”中的图片向右旋转 90 度。

步骤：

(1)在文件列表窗口中选择要旋转的图片文件 IMG_2672. JPG。

(2)选择菜单“工具”→“旋转/翻转”，在弹出的“旋转/翻转图像”对话框中，单击右转 90°按钮，如图 6.7 所示。

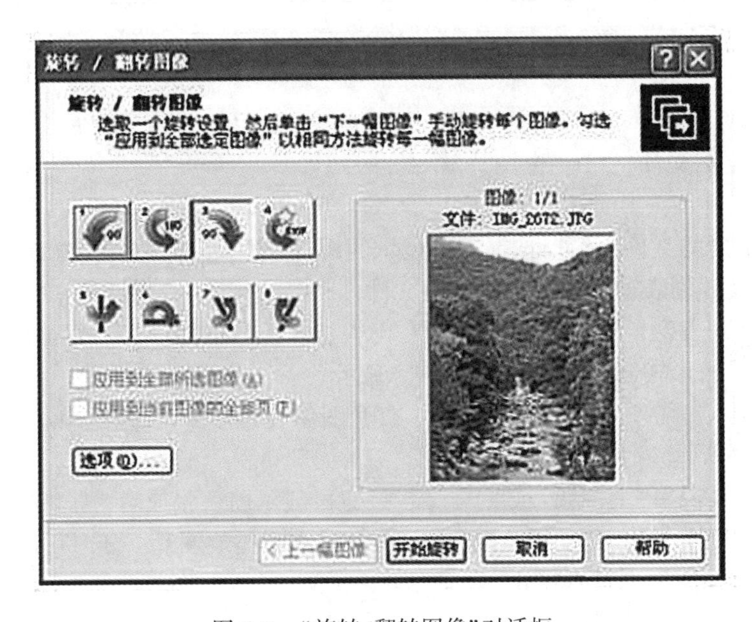

图 6.7　“旋转/翻转图像”对话框

(3)单击“开始旋转”按钮，软件对图片进行旋转处理，处理结束后，单击“完成”按钮即可。

3. 转换文件格式

【例6-3】 将文件夹“D：\ 图片”中所有JPG格式的图片都转换成BMP格式，并保存在原文件所在的位置。

步骤：

(1)在文件列表窗口中选择要转换格式的图片文件，在这里，按Ctrl+A选择所有文件。

(2)选择菜单“工具”→“转换文件格式”。

(3)选择好目标图片格式“. BMP”，设置好转换后文件的保存路径。

(4)单击“开始转换”按钮，开始格式转换。

4. 调整图像大小

各种图像文件由于用途不一样，大小也不一样。ACDSeeV8. 0可以调整图像文件的大小。

【例6-4】 调整文件夹“D：\ 图片”中图像文件IMG_2670. JPG的大小不超过500K，以便于在网络上发送。

步骤：

(1)双击待调整大小的图像，在图像观察器模式下显示该文件。

(2)选择菜单“更改”→“调整大小”，弹出“调整大小”对话框，如图6. 8所示。

(3)在对话框中，先改变宽度或高度的像素值，再单击“估计新的文件大小”按钮来检查文件大小是否符合要求。如果不符合，再改变宽度或高度的像素值，直到文件大小符合要求，最后，单击“完成”按钮进行处理。

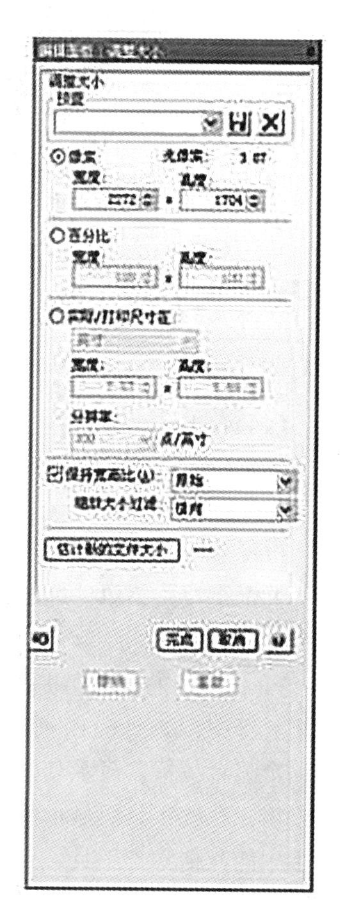

图6. 8

5. 设置壁纸

通过ACDSee可以把用户喜爱的图片设置为壁纸，其操作步骤如下：

(1)在窗口浏览界面中选中想要设置为壁纸的图像。

(2)选择菜单“工具”→“设置壁纸”，在弹出的对话框中，可选择壁纸的布局，如“居中”“平铺”等。

(二)Photoshop

Photoshop自1990年由Adobe公司推出以来，历经多个版本的推新和完善，使其成为图像处理领域功能最强大也最为常用的软件。

1. 基本功能

Photoshop是一个功能非常强大的图像处理软件。它既可以对图形图像进行效果制作，还可以对在其他软件中制作的图片做后期效果加工处理。

2. 应用领域

Photoshop 广泛应用于新闻出版、印刷、广告、装潢设计、工业设计等行业。

3. Photoshop 主界面简介

启动 Photoshop，打开一幅图像后，用户将看到如图 6.9 所示的主界面，该界面主要由标题栏、菜单栏、属性栏(工具选项栏)、工具箱、面板、图像窗口和状态栏等元素组成。下面简单介绍这些元素。

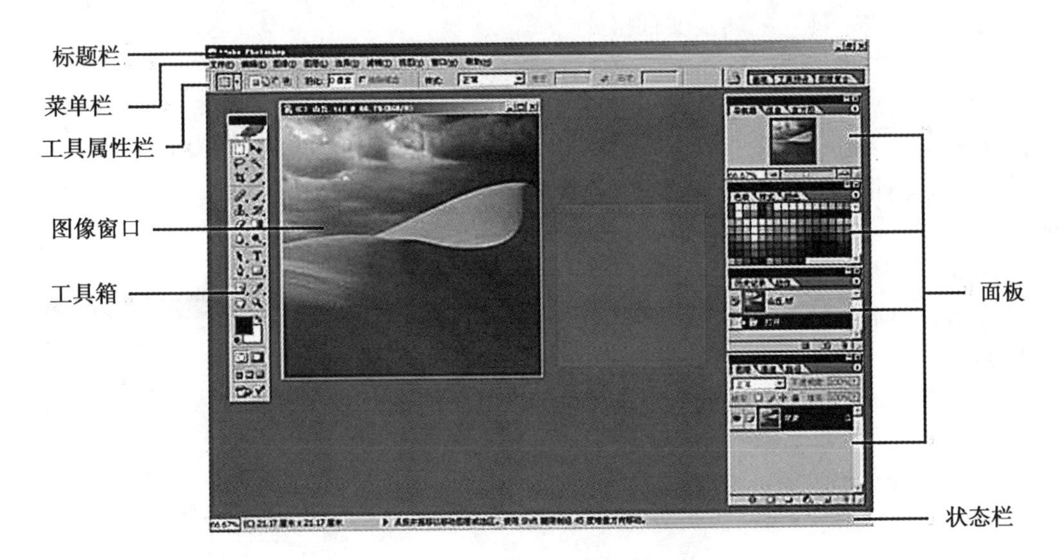

图 6.9 Photoshop 中文版主界面

(1)标题栏。

标题栏左侧显示当前编辑图像的文件名和应用程序名称，右边是程序窗口控制按钮。

(2)菜单栏。

PhotoshopCS 的菜单栏包括文件、编辑、图像、图层、选择、滤镜、视图、窗口和帮助等九个下拉式菜单，可以完成软件的所有功能。

(3)工具箱。

Photoshop 的工具箱提供数十种用于图像处理的工具，这些工具按照功能组分类存放在工具箱中，如图 6.10 所示。每一工具组不管包含一个或多个工具，在工具箱中都有只有一个显示位置，显示其中的一个工具，其余的工具是隐藏起来的。对于包含多个工具的工具组，在该工具组显示位置的右下角有一个小三角形符号标记。如果要显示或选取该工具组中的其他隐含工具，有两种方法，一是将鼠标移到该工具组的显示位置上并按下鼠标左键，直到该工具的所有工具都出现后，再将鼠标移动想要的隐含工具上，放开鼠标即可；或是按 Alt 键不放，同时单击该工具组的显示位置，该工具组的所有工具会顺序切换显示，待切换到想要的工具出现即可。

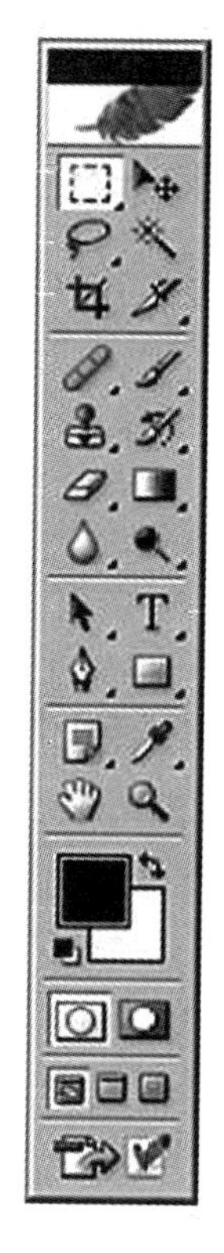

图 6.10　Photoshop 的工具箱

(4)面板。

面板是 Photoshop 中一项很有特色的功能，可以管理图层、通道、路径、动作、色板、样式和颜色等。Photoshop 为用户提供了 16 个面板。

默认情况下，它们被组合放置在六个面板窗口中，在使用时，可根据需要将它们进行自由的分离和组合。如需将某个面板窗口中的某个面板独立出来，将鼠标移到该面板的标题上，按住鼠标左键不放，将该面板拖到其所在的面板窗口之外，然后松开鼠标；如将该面板拖至另一面板窗口中，则与这一窗口的原有面板重新组合；如果以不同的面板重新组合一个新的面板，只要将不同的面板从其所在的窗口拖到同一窗口即可。

(5)图像窗口。

图像窗口用来放置打开的图像，在 Photoshop 中对图像的大部分编辑工作是在图像窗口中进行的。图像的标题栏可以显示许多信息，如图像文件名称、文件格式、显示比例、颜色模式等。在工具箱中提供三种控制图像显示的方式，如图 6.11 所示，可以通过这三个按钮来选择图像的显示方式。当窗口的区域不能完整地显示图像时，系统会相应地出现水平和垂直滚动条。

(6)状态栏。

图 6.11　工具箱中控制图像显示方式的选择按钮

状态栏位于程序窗口的最底部，如图 6.12 所示，它由三部分组成，用于显示图像处理的各种信息：

图 6.12　状态栏

左侧区域用来显示和控制图像的显示比例，在其中输入任意数值像的显示比例。回车，可以改变图中间区域显示图像文件的各种信息。单击该区域右侧的三角形可弹出如图 6.12 所示的菜单，从中可以选择显示文件的相关信息，各选项的含义如下：

①文档大小：即当前显示的图像文件的大小。其中斜杠左边的数字表示不含任何图层和通道等数据下图像文件的大小，斜杠右边的数字表示包含当前图像全部内容（如图层、通道等所有 Photoshop 特有的数据）的文件大小。

②文档配置文件：显示当前图像颜色模式等文档概貌。

③文档尺寸：显示文档的尺寸大小。尺寸大小一般以“厘米×厘米”的形式表示。

④暂存盘大小：显示当前图像的虚拟内存大小。其中斜杠左边的数字表示当前图像文件所占用的内存大小，右边数字表示计算机可供 Photoshop 使用的内存大小。

⑤效率：显示 Photoshop 的工作效率。若该数值经常低于 60%，说明计算机的硬件无法满足要求。

⑥计时：显示上一次操作所用的时间。

⑦当前工具：显示当前使用的工具名称。

右侧区域显示当前工作状态信息和操作时所选用工具的提示信息。

6.3　音视频处理

6.3.1　数字音视频基础

1. 数字音频概述

数字音频是指一个用来表示声音强弱的数据序列，由模拟声音经采样、量化和编码后得到，它是随着数字信号处理技术、计算机技术、多媒体技术的发展而形成的一种全新的声音处理手段。数字音频的主要应用领域是音乐后期制作和录音。

计算机数据的存储是以 0、1 的形式存取的，那么数字音频就是首先将音频文件转化，接着再将这些电平信号转化成二进制数据保存，播放的时候就把这些数据转换为模拟的电平信号送到喇叭播出，数字声音和一般磁带、广播、电视中的声音就存储播放方式而言有着本质区别。相比而言，它具有存储方便、存储成本低廉、存储和传输的过程中没有声音的失真、编辑和处理非常方便等特点。

几个关于数字音频的基本知识：

(1)采样率。

简单地说就是通过波形采样的方法记录 1 秒钟长度的声音，需要多少个数据，44KHz 采样率的声音就是要花费 44000 个数据来描述 1 秒钟的声音波形。原则上采样率越高，声音的质量越好。

(2)压缩率。

压缩率通常指音乐文件压缩前和压缩后大小的比值，用来简单描述数字声音的压缩效率。

(3)比特率。

比特率是另一种数字音乐压缩效率的参考性指标，表示记录音频数据每秒钟所需要的平均比特值(比特是电脑中最小的数据单位，指一个 0 或者 1 的数)，通常我们使用 Kbps (通俗地讲就是每秒钟 1024 比特)作为单位。CD 中的数字音乐比特率为 1411. 2Kbps(也就是记录 1 秒钟的 CD 音乐，需要 1411. 2×1024 比特的数据)，近乎 CD 音质的 MP3 数字音乐需要的比特率大约是 112Kbps~128Kbps。

(4)量化级。

简单地说就是描述声音波形的数据是多少位的二进制数据，通常用 bit 做单位，如 16bit、24bit。16bit 量化级记录声音的数据是用 16 位的二进制数，因此，量化级也是数字声音质量的重要指标。形容数字声音的质量，通常就描述为 24bit(量化级)、48KHz 采样，比如标准 CD 音乐的质量就是 16bit、44. 1KHz 采样。

(5)数字音频的来源。

①用 CD 转换。

②应用数字录音设备或数字音频软件从现实生活中拾取。

③从现有的音视频中抽取。

④从因特网上下载或购买。

2. 数字视频概述

(1)线性编辑。

线性编辑指的是一种需要按时间顺序从头至尾进行编辑的节目制作方式，它所依托的是以一维时间轴为基础的线性记录载体，如磁带编辑系统。

(2)非线性编辑。

从狭义上讲，非线性编辑是指剪切，复制和粘贴素材无须在存储介质上重新安排它们。从广义上讲，非线性编辑是指在用计算机编辑视频的同时，还能实现诸多的处理效果，例如特技等。

3. 常用术语

(1)帧。

帧是构成视频的最小单位，每一幅静态图像被称为一帧，因为人的眼睛具有视觉暂留现象，所以一张张连续的图片会产生动态画面效果。而帧速率是指每秒钟能够播放或录制的帧数，其单位是帧/秒(fps)。帧速率越高，动画效果越好。传统电影播放画面的帧速率为24帧/秒，NTSC制式规定的帧速率为29.97帧/秒(一般简化为30帧/秒)，而我国使用的PAL制式的帧速率为25帧/秒。

(2)SMPTE时间码。

视频编辑中，通常用时间码来识别和记录视频数据流中的每一帧，从一段视频的起始帧到终止帧，其间的每一帧都有唯一的时间码地址。根据电影与电视工程师协会(SMPTE)使用的时间码标准，其格式是："时：分：秒：帧(Hours：Minutes：Seconds：Frames)"，用来描述剪辑持续的时间。若时基设定为每秒30帧，则持续时间为00：02：50：15的剪辑表示它将播放2分50.5秒。

4. 常用的音视频文件格式

常用的音频文件有：WAV格式、MP3格式、MIDI格式、WMA格式、RealAudio格式等。

常用的视频文件有：AVI格式、MPEG格式、MOV格式、TGA序列格式、WMV格式、FLV格式、ASF格式等。

6.3.2 数字音视频处理软件

声音处理软件有：Adobe Audition、Sound Forge、Samplitude等。

视频处理软件有：Premiere、会声会影、vegas等。

1. Winamp

MP3是德国佛朗赫弗研究所推出的一种音乐格式。记录相同时间长度的音频，MP3格式的文件容量只有CD的十分之一左右，而且在电脑上播放，一般听不出MP3和CD在音质上的区别。虽然在MP3之后又出现了很多种音频格式，但是MP3在音频领域的霸主地位却不曾动摇过。

支持MP3播放的软件非常之多，由Nullsoft公司开发的Winamp曾是最著名的播放器之一，它伴随MP3格式的出现而出现，伴随MP3的成长而成长。Winamp支持的音乐格式较多，包括MP3、CD、MIDI、WAV、VOC、OGG、WMA、NSV等数十种流行的音频格式，并且还支持AVI、MPEG4等视频文件及因特网广播/电视的播放等，在安装相应插件后还能播放RM、SQR、QF等音频格式。

启动 WinampV5. 5 后，出现的传统主界面(也可以在安装的时候选择现代界面)如图 6. 13 所示。

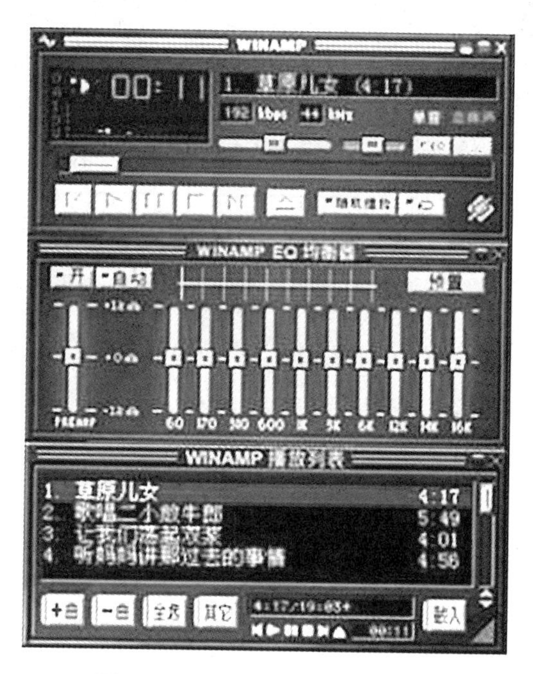

图 6. 13　Winamp V5. 5 传统界面

Winamp 的主界面与音响的播放面板非常相似，操作也基本相同。使用主控窗口的按键，除了可以完成播放文件的选择、播放、暂停、选上一首、选下一首、随机播放、循环播放、音量调整和左右平衡等功能外，还可以控制均衡器、播放文件窗口进行开启或关闭；均衡器用于调节音调；在播放文件窗口，列出了已经选择要播放的音频文件，可以通过左下角的按键对已经选择的音频文件进行增加或删除处理。

2. Realplayer

与前面介绍的播放软件不同，RealPlayer 是一个在 Internet 上通过流技术实现音频和视频实时传输的在线收听工具软件。使用它不必下载音频或视频文件，只要线路允许，就能完全实现网络在线播放，极为方便地在网上查找和收听、收看自己感兴趣的广播和电视节目。RealPlayer 是目前在 Internet 上比较流行的播放软件。

(1)启动 RealPlayer。

启动 RealPlayer，即出现了如图 6. 14 所示的主界面。下面介绍 RealPlayer 最常用的功能。

RealPlayer 最主要的功能就是收听与收看网上广播、音乐与视频节目。目前开展网络广播的网站越来越多，国内的这种中文网站也不少。许多用户会在计算机前一边工作一边收听广播。操作时在 RealPlayer 媒体浏览器的地址栏中输入相关的网址即可。

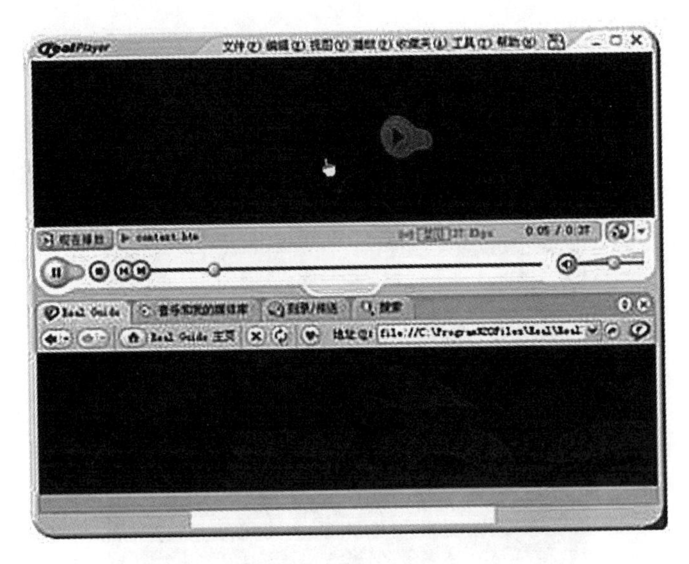

图 6.14　在线收听广播

(2)播放媒体文件。

如果希望使用 RealPlayer 播放器通过人工输入地址打开网上流媒体服务器中的资源，步骤如下：

①选择菜单“文件”→“打开”。

②在弹出的对话框中输入媒体资源的地址。

③单击“确定”按钮。

如果希望播放本地磁盘上的文件，则在对话框中输入包括路径的文件名，或者通过“浏览”按钮选择一个文件，然后单击“确定”按钮即可。

(3)收藏剪辑。

用户可以利用 RealPlayer 的收藏夹功能，将自己喜爱的音频或视频节目添加到收藏夹中，方便以后使用。操作步骤如下：

①在媒体浏览器中打开并播放经常收听或收看的网址。

②单击“收藏夹”菜单，从中选择“将剪辑添加到收藏夹”。

③在出现的“添加剪辑到收藏夹”对话框中为剪辑输入一个名称，并在“文件夹”列表中选择想要存放的位置。

④单击“确定”按钮即可收藏该节目。

保存在收藏夹中的地址，可以通过“收藏夹”菜单快速选用。

第7章　互联网应用

近年来，Internet规模迅速发展，已经覆盖世界各国，连接的网络主机达千万台，并且以每年15%~30%的速度增长。目前中国和国际Internet网络互联的主要网络有：由中国科学院负责运作的中国科研网(CASNET)；由清华大学负责运作的中国教育和科研计算机网(CERNET)；由吉通公司负责运作的金桥网(GBNET)；等等。

7.1　互联网的基础知识

Internet起源于美国国防部高级研究计划局(ARPA)于1968年主持研制的用于支持军事研究的计算机实验网ARPANET。ARPANET建网的初衷旨在帮助那些为美国军方工作的研究人员通过计算机交换信息，它的设计与实现思想是：网络要能够经得住故障的考验而维持正常工作，当网络的一部分因受攻击而失去作用时，网络的其他部分仍能维持正常通信。

Internet是国际计算机互联网的英文简称，指全球最大的、开放的、由众多网络相互连接而构成的世界范围的计算机网络，是世界上规模最大的计算机网络，主要采用TCP/IP协议。

7.1.1　计算机网络的地址

1. IP地址

连接在Internet中的每台计算机(也称为“主机”)都必须装有TCP/IP协议。其中的IP协议有统一的网络地址分配方案，使Internet中的TCP/IP设备都有唯一的IP地址以标识它的存在，因此数据分组才能按IP地址传送到目的计算机。这很像电话网中每部电话机都有一个唯一的电话号码。

连接在Internet中的主机(包括路由器或网关)的地址编号就成为IP地址。IPV4协议规定IP地址的长度为32位二进制数码，分为4个字节。通常写成4个十进制的整数，每个十进制整数对应的一个字节，用小数点将它们间隔开。这种表示方法称为“点分十进制表示法”。每个整数取值的范围为0~255。

例如：主机的IP地址“11001001100001110011100101001011”可表示成201.135.57.75，这就是主机在网络中所使用的十进制IP地址。如表7.1所示：

表 7.1

二进制	11001001	10000111	00111001	01001011
十进制	201	. 135	. 57	. 57
缩写后的十进制 IP	201. 135. 57. 75			

IP 地址主要可以划分 A、B、C 三类。

(1)A 类地址。

A 类地址允许有 126 个网段，每个网段大约允许有 1670 万台主机，通常分配给拥有大量主机的网络(如主干网)。A 类网络的 IP 地址范围为 1. 0. 0. 1~126. 255. 255. 254(见表 7. 2)。

表 7.2

字节	第 1 字节	第 2 字节	第 3 字节	第 4 字节
范围	0~127	0~255	0~255	0~254

(2)B 类地址。

B 类地址允许有 16384 个网段，每个网段允许有 65533 台主机，适用于节点比较多的网络(如区域网)。B 类网络的 IP 地址范围为：128. 1. 0. 1~191. 255. 255. 254(见表 7. 3)。

表 7.3

字节	第 1 字节	第 2 字节	第 3 字节	第 4 字节
范围	128~191	0~255	0~255	0~254

(3)C 类地址。

C 类地址的网络允许有 254 台主机，适用于节点比较少的校园网。C 类网络的 IP 地址范围为：192. 0. 1. 1~223. 255. 255. 254(见表 7. 4)。

表 7.4

字节	第 1 字节	第 2 字节	第 3 字节	第 4 字节
范围	192~223	0~255	0~255	0~254

一个 IP 地址划分为两部分：网络地址和主机地址。网络地址标识一个逻辑网络的地址，也称为网络号。主机地址标识该网络中一台主机的地址，也称为主机号。

对应的 IP 地址格式如图 7. 1 所示。

对于上面提到的 IP 地址为 201. 135. 57. 75 的这台主机，是属于小型网络(C 类)中的主机，其 IP 地址由如下两部分组成：

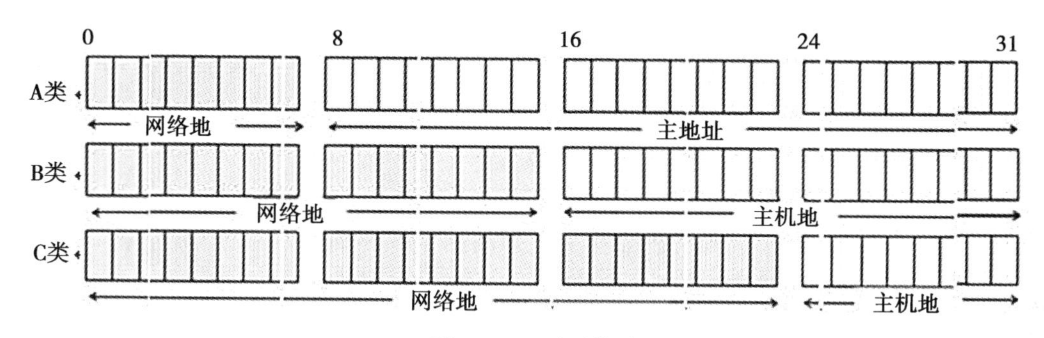

图 7.1　IP 地址格式

(1)网络地址：201.135.57(或写成 201.135.57.0)。

(2)主机地址：75。

两者合起来得到的 201.135.57.75 是唯一标识这台主机的 IP 地址。

2."子网"与"子网掩码"

同一个网络上的所有主机都必须有相同的网络号，而 IP 地址的 32 个二进制位所表示的网络数是有限的，因为每一网络均需要唯一的网络标识。随着局域网数目的增加和机器数的增加，经常会碰到网络数不够的问题。解决的办法是采用子网寻址技术，将网络内部分成多个部分，但对外像一个单独网络一样动作。这样，IP 地址就划分为"网络—子网—主机"三部分。

因此，在组建计算机网络时，通过子网技术将单个大网划分为多个网络，并由路由器等网络互联设备连接，可以减轻网络拥挤，提高网络性能。

在 TCP/IP 中是通过子网掩码来表明子网是如何划分的。它也是一个 32 位二进制地址数，用圆点分隔成 4 段。其标识方法是：IP 地址中网络地址和子网部分用二进制数 1 表示；

IP 地址中主机地址部分用二进制数 0 表示。把这 4 段二进制数转换成十进制数表示，得到 A、B、C 三类地址的缺省子网掩码如下：

A 类：255.0.0.0

B 类：255.255.0.0

C 类：255.255.255.0

将子网掩码和 IP 地址进行"与"运算，用以区分一台计算机是在本地网络还是远程网络。如果两台计算机的 IP 地址分别和各自的子网掩码进行"与"运算，结果相同，则表示这两台计算机处于同一网络内。

7.1.2　计算机网络的域名

1. 域名及 IP 地址的解析转换

由于 IP 地址 4 段式的数字过于抽象，难以记忆，因此有必要使用一种容易记忆的 IP 地址系统。日常生活中，我们记住一个人的名字较容易，可记他的身份证号码就比较麻烦了。类似地，Internet 上制定了另外一套规则来定义网络 IP 地址：在 TCP/IP 协议中，专门设计了一种字符型的主机名字机制，即域名系统。域名提供了一种直观明了、方便记忆的主机标识符，其目的在于方便用户使用 Internet。在 Internet 中，一个典型的 TCP/IP 层次型主机名语法如下：

主机名 . 组织机构名 . 网络名 . 最高层域名

例如：搜狐网站的对应的域名地址是 www. sohu. com. cn；其中 www 代表全球网(或称万维网，WorldWideWeb)，com 代表商业类机构网站，sohu 则是“搜狐”的名称，cn 代表中国；1P 地址是 75. 126. 238. 193。新浪网站的对应的域名地址是 www. sina. com. cn；其中 sina 是“新浪网”的名称；IP 地址是 58. 63. 236. 43。

域名系统采用层次型管理，与 IP 地址有映射关系，二者相互对应，要实现域名与 IP 地址的相互转换是依靠一整套的全球域名系统 DNS (Domain Name System)来完成的。大致转换过程如下：用户键入一个域名网址回车后，用户的计算机将此域名发送给 DNS 服务器，由 DNS 服务器进行域名与 IP 地址的转换，然后将此 IP 地址发给用户的计算机，这样计算机即可向此 IP 地址发出调用信息的请求。因此，域名地址可以简单地理解为直观化了的 IP 地址，作为普通用户只需记忆域名就可以访问对应的 IP 地址的电脑上的信息。

最高层域名也称为顶级域名，它代表建立网络的组织机构或网络所隶属的地区或国家。顶级域名可分为两类：一类为组织性顶级域名，采用 3~5 个字母的后缀，以指明组织的类型，如表 7.5 所示。另一类为地理性顶级域名，采用 2 个字母缩写，代表所处的国家，如表 7.6 所示。例如 microsoft. com 中的 microsoft 是组织名，com 是 commercial 的缩写，代表商业组织。又如 indi. shcnc. ac. cn，该域名表示中国(cn)科学院(ac)上海网络中心(shcnc)的一台主机(indi)。

表 7.5 **组织性顶级域名**

域名缩写	机构类型	域名缩写	机构类型
com	商业系统	firm	商业和公司
edu	教育系统	store	提供购买商业的业务部门
gov	政府机关	web	主要活动与 WWW 有关的实体
mil	军队系统	arts	以文化为主的实体
net	网管部门	rec	以消遣性娱乐活动为主的实体
org	非营利性组织	inf	提供信息服务的实体

表 7.6 **地理性顶级域名**

域名缩写	国家或地区	域名缩写	国家或地区
cn	中国	ca	加拿大
au	澳大利亚	es	西班牙

续表

域名缩写	国家或地区	域名缩写	国家或地区
de	德国	hk	中国香港
fr	法国	tw	中国台湾
it	意大利	sg	新加坡
jp	日本	nl	荷兰
uk	英国	us	美国

2. 用户计算机的IP地址与域名分配

当用户的计算机通过网卡直接联入作为Internet节点之一的网络时，每一个网卡都会有一个具体的ID网络身份号。此外，网络管理员还会给该地址计算机分配一个IP地址和DNS域名(用户在计算机上安装网卡驱动程序时需要该地址或域名)，以及向用户提供该计算机联入互联网所需的IP网关(Gateway)、子网掩码(Netmask)和DNS域名服务器(Domain Name System)的IP地址或域名等参数。

7.1.3 统一资源定位符URL

统一资源定位符(Uniform Resource Locator，URL)，是专为标识Internet网上资源位置而设的一种编址方式，如平时所说的网页地址就是指URL，它显示在IE浏览器窗口中的地址栏，其格式为：

协议服务类型：//用户名：密码@主机地址：端口号/文件路径

URL由三部分组成，第一部分指出协议服务类型，第二部分指出信息所在的服务器主机域名，第三部分指出包含文件数据所在的精确路径。

例如：打开一个网页时，在IE浏览器的地址栏中显示：

http：//www. sina. com. cn/index. html

其中协议的名字为http，服务器主机域名为www. sina. com. cn，包含该Web页面的文件路径为index. html。

URL中的域名可以唯一地确定Internet上的每一台计算机的地址。域名中的主机部分一般与服务类型相一致，如提供Web服务的Web服务器，其主机名往往是www；提供FTP服务的FTP服务器，其主机名往往是ftp。

用户程序使用不同的Internet服务与主机建立连接时，一般要使用某个缺省的TCP端口号，也称为逻辑端口号。端口号是一个标记符，标记符与在网络中通信的软件相对应。一台服务器一般只通过一个物理端口与Internet相连，但是服务器可以有多个逻辑端口用于进行客户程序的连接。例如，Web服务器使用端口80，Telnet服务器使用端口23。这样，当远程计算机连接到某个特定端口时，服务器用相应的程序来处理该连接。端口号可以使用缺省标准值，不用输入；有的时候，某些服务可能使用非标准的端口号，则必须在URL中指明端口号。

例如：访问某个IP地址为220. 35. 33. 67的FTP服务器，用户名为user，密码为

admin，可以使用的 URL 为 FTP：//user：admin@ 220. 35. 33. 67。

在一台主机上可以安装多种服务器软件，通过不同的端口号提供不同的服务，例如一台主机可以用作 Web 服务器，也可以用作邮件服务器。

7.2 Internet 的基本接入方式

用户接入 Internet 首先要选择一个 ISP(Internet 服务提供商)。在选择了接入 ISP 对象后，用户可根据规模、用途等方面的要求，选择不同的接入方式。

7.2.1 入网条件

接入 Internet 需要在硬件和软件两方面进行必要的准备。

1. 硬件和软件方面

如果以局域网上网为例，在硬件方面，需要如下条件：

(1)由网络中心分配的 IP 地址；

(2)一台目前所使用的计算机；

(3)一个网卡；

(4)一个操作系统，如 Windows2000/WindowsXP；

(5)浏览器软件，如 IE6. 0(一般捆绑在操作系统内)。

2. 入网申请

在具有硬件和软件的条件后，还需要申请入网账号。向 ISP(互联网服务提供商，如电信局)提出申请，并交纳一定的入网费用就可以得到一个 Internet 账号。有了以上几个方面的准备，再通过硬件的正确连接和软件的正确安装，即可实现与 Internet 的连接。

7.2.2 Internet 上常用接入方式

1. 宽带 ADSL 接入

非对称数字用户环路 ADSL(Asymmetric Digital Subscribe Loop)是一种通过现有的普通电话线称为家庭、办公室提供高速数据传输服务的技术。利用现有的电话线网络，在线路两端加装 ADSL 设备，即可为用户提供高宽带服务。ADSL 的优点是：可以利用现有的市内电话网和电话交换局的机房，可以降低施工和维护成本，对电话业务没有影响。缺点是它对线路质量要求较高，当线路质量不高时，推广使用有困难。

2. ISDN 接入

ISDN 是“Integrated Services Digital Network”的缩写，意思是综合业务数字网，俗称“一线通”。它是以综合数字电话网(IDN)为基础发展而成的，能提供端到端的数字连接。它是一个全数字的网络，也就是说，不论原始信号是文字、数据、话音还是图像，只要可以转换成数字信号，都能在 ISDN 网络中进行传输。

3. 局域网接入

局域网接入是指将局域网种的客户机连接局域网的服务器，再通过服务器上网。这种连接需正确地安装和设置局域网的网卡，然后再配置连接到 Internet 的 TCP/IP 协议属性。

4. 光纤接入

光纤接入技术是指局端与用户之间完全以光纤作为传输媒体的接入方式。用户网光纤化有很多方案，有光纤到路边(FTTC)、光纤到小区(FTTZ)、光纤到办公室(FTTO)、光纤到大楼(FTTF)、光纤到家庭(FTTH)。但不管是何种领域的应用，实现光纤到户都是为了满足高速宽带业务以及双向宽带业务的客观需要。值得一提的是，光纤进入家庭是未来必然的趋势，但由于种种原因，短期内尚不能形成主流。

5. DDN专线接入

数字数据网DDN(Digital Data Network)利用数字信道提供永久性和半永久性连接电路，用来传输数据信号的数字传输网络。它可用于计算机之间的通信，也可用于传送数字化传真，数字语音，数字图像信号或其他数字化信号。利用数字信道传送数据信号与利用传统的模拟信道相比，具有传输质量高、速度快、带宽利用率高等一系列优点。

DDN的传输媒介有光纤、数字微波、卫星信道以及用户端可用的普通电缆和双绞线。

6. 无线接入

无线局域网络WLAN(Wireless Local Area Networks)是相当便利的数据传输系统，它利用电磁波在空中发送和接收数据，而无需线缆介质。

无线接入技术可以分为移动接入和固定接入两大类。

总的来看，宽带固定无线接入技术代表了宽带接入技术的一种新的发展趋势，不仅开通快、维护简单、用户较密时成本低，而且改变了本地电信业务的传统观念，适于与传统电信公司和有线电视公司展开有效竞争，也可以作为电信公司有线接入的重要补充而得到相应的发展。

7.3 互联网信息的获取与发布

7.3.1 信息的定义和主要特征

1. 信息的定义

生活在信息时代的人们，处在各种信息源的包围之中。接受信息、传递信息、交流信息成为人们一项重要的生活内容。

控制论的创始人维纳说：“信息是人们在适应外部世界并且使这种适应反作用于外部世界的过程中，同外部世界进行交换的内容的名称。”

信息论的创始人香侬从研究通信理论出发，认为信息是关于环境事实的通信知识。信息是通过各种形式，包括数据(字母、符号和数字)、代码、图形、报表、指令等反映出来的。

综合以上所述定义，信息是事物存在的方式或运动状态以及这种方式或状态的直接或间接的表达。因此，信息并非事物本身，而是表征事物，即由事物发出的信号、情报、指令和数据等。在人类社会中，信息是以文字、语言、声音、图像、图形、气味、颜色等形式出现的。信息是现代社会赖以存在和发展的必不可少的基本要素之一。

2. 信息的特性

客观世界的三大要素是物质、能量和信息。信息普遍存在，它对人类的生存和发展至关重要。我们要了解信息，就应该了解信息的特性。

(1)可获取性。自然界的信息，一直是客观存在的。人类可以通过运用各种手段来感知信息，接受信息，进而获取信息。比如，我们每天都要读书看报，这些就是获取信息的方式。

(2)可传输性。信息具有通过各种介质传输的特性。信息把地球上的每个人都联系在一起，信息使每个人与社会息息相关。全球化的信息高速公路必将把人类带入信息时代。

(3)可存储性。随着人类社会的发展，科学技术的进步，信息的存储方式也不断进步。最早是用数手指头、结绳记事、石头代替法、在洞穴岩壁上绘画，之后用竹简、木简、金属容器表面、帛、丝绸、纸张来记录信息。如今，纸张是人们较为广泛使用的信息载体，而且磁性存储介质、电子信息存贮介质，光学存储介质等也已渗入人们的日常生活中。

(4)可处理性。信息处理是指对信息的排序、归并、存储、检索、制表、计算，以及模拟、预测等操作。计算机的出现，揭开了当代信息处理技术的新篇章。

(5)可扩散性。信息可以通过各种渠道迅速扩散开来。信息越扩散，我们拥有的信息也就越多。

(6)可共享性。信息的共享性指不同层次、不同部门信息系统间，信息和信息产品的交流与共用，就是把信息这一种在互联网时代中重要性越趋明显的资源与其他人共同分享，以便更加合理地达到资源配置，节约社会成本，创造更多的财富。

(7)可替代性。从某些情况和不同程度上说，信息可以取代资本，并且发展和延伸物质资源。利用信息，可以减少劳力和资本的消耗。在一定程度上，信息可以替代物质财富。

(8)可压缩性。我们能够对信息进行集中、综合和概括，以便于处理。

7.3.2 信息素养

在信息时代，物质世界正在隐退到信息世界的背后，新的时空构筑起人类的基本生存和生活环境，影响着芸芸众生的日常生活方式，构成了人们日常经验的重要组成部分，对人的素质提出了更高的要求，也形成了一个崭新的人才评价标准。信息社会中信息成为重要资源，为了衡量人们生活在信息时代所最起码的信息知识和技能水平，“素养”概念被用来描述信息社会发展对人们知识和技能的新要求，“信息素养”(Information Literacy)的概念便由此产生。

1. 信息素养的内涵

以网络化、数字化、多媒化和智能化为代表的现代信息技术，正在改变人们传统的生活、学习和工作方式，影响教育的内容与方法。随着计算机、网络的发展，信息素养同当代信息技术结合，成为信息时代的每个公民必须具备的基本素养，并引起世界各国教育界的高度重视。信息素养这个术语最早是由美国信息产业协会主席保罗·车可斯基(Paul Zurkowski)于1978年提出来的。他把信息素养定义为“人们在解决问题时利用信息的技术和技能”，并认为信息素养包括众多方面：

(1)传统文化素养的延续和拓展；

(2)受教育者达到独立学习及终身学习的水平，对信息源及信息工具的了解及运用；

(3)必须拥有各种信息技能，如对所需文献或信息的确定、检索，能对检索到的信息进行评估、组织、处理并作出决策。

1992 年美国图书馆协会给信息素养下的定义是“信息素养是人能够判断、确定何时需要信息，并且能够对信息进行检索、评价和有效利用的能力”，并将信息素质细分为以下 10 种能力：

(1)能辨识自己的信息需求；

(2)能了解完整的信息和智能决策之间的关系；

(3)能有效地陈述信息问题，表达信息需求；

(4)知道有哪些可能有用的信息资源；

(5)能制定妥善的信息检索策略；

(6)能使用印刷方式及高科技方式存储信息资源；

(7)能评估信息的相关及有用程度；

(8)组织信息使其能有实用性；

(9)组合新信息成为自己原有知识的一部分；

(10)能将信息应用于批判性思考及解决问题。

1998 年全美图书馆协会和美国教育传播与技术协会对信息素养提出了三条标准：

(1)有信息素养的学生能有效和高效地获取信息；

(2)有信息素养的学生能批判性地胜任信息的评价；

(3)有信息素养的学生能准确地、创造性地使用信息。

我国桑新民教授提出，可以从以下三个层次确立培养信息素养的内在结构与目标体系：

(1)驾驭信息的能力。包括：高效获取信息的能力；评价信息的能力；有效地吸收、存储、快速提取信息的能力；运用多媒体形式表达信息、创造性使用信息的能力。

(2)运用信息技术高效学习与交流能力。

(3)信息时代公民的人格教养。

我国张基温教授认为，信息素养主要包括信息意识、信息知识、信息能力和信息品质等各个方面：

(1)信息意识。面对信息在经济发展中的作用将大大超过资本，要有信息第一的意识；面对信息资源的激烈竞争，要有信息抢先意识；面对世界信息化进程的加速，要有信息忧患意识；面对信息时代的技术进步和知识更新的加速，要有再学习和终身学习的意识。

(2)信息知识。熟悉与信息技术相关的常用术语和符号；了解与信息技术相关的文化及其背景；熟知与信息获取和使用有关的法律、规范。

(3)信息能力。信息挑选、获取与传输能力；信息处理、保存与应用能力；信息免疫和批判能力；信息技术的跟踪能力；信息系统安全的防范能力；基于现代信息技术环境的学习和工作能力。

(4)信息品质。积极生活和高情商；敏感和开拓创新精神；团队和协作精神；服务和社会责任心。

总之，通过努力，应使信息技术成为我们的自然意识和自然需求，让自己成为“能干的信息技术的使用者，信息的探求者、分析者、评价者，问题的解决者和决策的制定者，有创造性、高效的生产工具的使用者、传播者、合作者、出版者、生产者，有知识、有责任感、有贡献的公民”。

2. 信息素养教育的社会意义

我们现在所进行的学校素质教育，是以高尚的人格主体精神为核心，身心健康为前提，注重对学生的创新意识和创新能力的培养的一种全面教育，素质教育的目标就是培养具有高度科学文化素养和人文素养的创新人才。信息素质教育不仅是培养学生的文献信息检索技能和计算机应用技术，更重要的是培养学生对现代信息环境的理解能力、应变能力以及运用信息的自觉性、预见性和独立性。也就是说，从信息素质教育的本质内容来看，它是以创新能力培养为目标，培养学生获取信息、加工信息和处理信息的能力的教育活动，其最终目标是培养学生用信息解决实际问题，并在此过程中实现创新的能力。

7.3.3 信息获取

人们常说，这是一个信息时代，不论何时何地，我们都在接收着不同的信息，那么我们可以通过什么途径获取我们所需要的信息呢？有什么办法可以高效地获取处理信息的方式呢？在这里，我们就来讨论一下网络信息资源的获取。

1. 网络信息资源的获取途径

(1)搜索引擎。搜索引擎种类繁多，目前较为优秀的中文搜索引擎有：百度、网易、搜狐、雅虎中文(简)、新浪搜索等。而知名度较高的国外搜索引擎则有：Google、Yahoo、Bing 等。

(2)虚拟图书馆。由某一专业领域机构精心选择和提供的该领域网络信息资源就有了更大的参考价值。由专业机构搜集的网络信息一般反映为虚拟图书馆，在国内，人们通常称其为学科导航。最著名的英文虚拟图书馆是 the WWW Virtual Library（http://www.vlib.org）。它是 Web 上最古老的一个综合性学科资源目录导航服务，提供的学科资源包括了人文与社会科学、工程技术、自然科学等几乎所有领域。

(3)网络信息资源数据库。搜索引擎和虚拟图书馆是两种获取网络信息资源的重要途径，前者主要考虑检全率，后者主要考虑检准率。而网络信息资源数据库则兼顾了检全率和检准率两方面的因素，能够向用户提供相对全面和准确的网络资源。目前，国内“211 工程”高校大部分引进了 SCI、IEEE/IEE、Kluwer Online、Cambridge Scientific Abstract、Current Contents Connect 等国外数据库。

2. 网络信息资源的获取方式

(1)分类浏览方式。在对某一信息资源的表达不确定时，使用分类浏览的方式，可以看到相关信息的全面系统的汇总。如果用户查询的主题不太明确，不能准确地确定搜索的是什么或搜索的主题范围很广、概念很宽泛时，用户仅仅是希望了解某一专业或专题时，一般宜采用目录式搜索引擎。相比较而言，Yahoo的分类浏览比较全面，可以逐级点击获得某一类别的站点链接和简单描述。

(2)输入检索方式。所有的搜索引擎和网络信息资源数据库都提供检索功能，只要在主页上的检索输入框中输入检索词便可得到相关信息。一般而言，在查找某一具体方面站点信息时宜采用这种方式进行检索。每个搜索引擎的机制不同，所以检索方法也各有差异。如果想查找某首歌曲的信息，可以采用直接搜索的方式，在检索框中直接输入该歌曲名即可。

(3)链接嵌套方式。它是以查找到的相关网站作为线索，可以通过该网站提供的网络导航信息获得的站点线索，反复深入，便可以获得大量有用的相关网站。例如通过国家图书馆网站的专题导航进入到教育科技信息网站点，链接到这一站点后，会发现里面有更多的教育站点。这种检索方式的原理与引文索引类似。

7.3.4 信息发布

广义地说，通过电视、广播、网络、书刊、报纸、传单、宣传画等手段，向社会推介产品、技术、人才等信息，都属于信息发布的范畴。通过信息发布，让人们了解本公司、本企业的技术、产品，乃至向企事业单位推介自己(如大学毕业生就业意愿等)，已经成了很多人工作和生活的一部分，甚至形成了完整的网络文化，造就了巨大的市场空间。

我们在这里只讨论网络上的信息发布，其他技术手段不在本课程的范围之内。自从互联网诞生之后，通过网络发布各种信息，已经对人们的工作和生活产生了巨大的影响。

互联网上信息发布的常见方式有：

(1)在互联网上发布自己的网页。将自己的作品做成网页发布到互联网上，让别人可以方便地看到自己的观点和成果。

(2)电子公告板(BBS)。电子公告栏是一种交互性强、内容丰富而及时的Internet电子信息服务系统。用户在BBS站点上可以获得各种信息服务：下载软件、发布信息、进行讨论、聊天等。

(3)新闻组服务。新闻组(Usenet或News Group)，简单地说就是一个基于网络的计算机组合，这些计算机被称为新闻服务器，不同的用户通过一些软件可连接到新闻服务器上，阅读其他人的消息并可以参与讨论。新闻组是一个完全交互式的超级电子论坛，是任何一个网络用户都能进行相互交流的工具。

(4)网络技术论坛。利用网络技术论坛可以发布有关学术方面的信息。

(5)网络调查。网络调查是传统调查在新的信息传播媒体上的应用。它是指在互联网上针对特定的问题进行的调查设计、收集资料和分析等活动。

(6)QQ、MSN、网络会议。利用QQ、MSN、网络会议等工具软件，可以实现一对一、一对多或多对多在线交流，这种方式是目前网络上非常流行的信息发布与交流的方式。

(7)电子邮件。电子邮件是通过电子通信系统进行书写、发送和接收的信件。今天使用的最多的通信系统是互联网，同时电子邮件也是互联网上最受欢迎且最常用到的功能之一。

(8)博客。特指一种特别的网络个人出版形式，内容按照时间顺序排列，并且不断更新。

需要强调的是，在发布信息的过程中必须遵守一定的道德规范，以使信息发布的有效性、时效性和真实性得到保证。具体来说，应该遵守以下准则：

(1)不能不经授权随意转载别人的文章或资料，侵犯别人的知识产权。

(2)不得发布攻击、谩骂别人的言论。

(3)不得发布黄、赌、毒方面的信息。

(4)不得向别人发送垃圾邮件、带病毒的邮件或者诈骗信息，不要因为自己一时的好奇而给别人制造不必要的麻烦或损害。

(5)不得发布有损国家形象的信息，不得泄露国家机密。

7.3.5 网络资源信息检索

随着互联网的发展，网上的信息资源的种类、数量不断激增。如何才能在浩瀚的信息海洋中快捷、准确地找出所需信息已成为一个突出的问题，于是，网络搜索引擎应运而生。像图书馆目录能指引读者迅速找到所需图书一样，网络搜索引擎可以为人们在茫茫的网络信息海洋中拾贝进行导航。搜索引擎(Search Engine)是查找互联网上信息资源的工具，也称网络检索工具。它是一些专门的服务器或者特殊的网站，它们对网络信息资源进行搜集筛选、鉴别、标引、加工等，建成数据库，以提供网上信息资源的导航和检索，它们已成为人们查找网络信息资源必不可少的工具。

7.4 互联网的应用及实例

7.4.1 Internet 的应用

Internet 能为用户提供丰富的信息服务，主要有以下几个方面。

1. 万维网(World Wide Web，WWW)信息浏览服务

万维网是目前 Internet 上最受欢迎和易于使用的信息系统，是一种基于超文本(HyperText)方式的信息查询工具。用户可通过 WWW 浏览器“所见即所得”的界面简便直观地查询并获取分布于世界各地的计算机的各种信息。除了浏览文本信息之外，通过相应软件，WWW 还能显示与文本内容相配合的图像、声频、视频等多媒体信息。

2. 电子邮件(Electronic Mail，E-mail)

E-mail 是 Internet 上最常用的基本功能之一通过电子信箱，世界各地的用户能够方便、快捷地交换电子邮件、查阅信息、加入自己感兴趣的公告和讨论组。

3. 文件传输(File Transfer Protocol，FTP)

FTP 允许 Internet 用户将一台计算机上的文件传送到另一台计算机上。使用几乎可以传送所有类型的文件：文本文件、二进制可执行文件、图像文件、声音文件、数据压缩文件等。互联网络上有许多公共 FTP 服务器，提供大量的最新的咨询和软件免费共用户下载。

4. 远程登录(Telnet)

远程登录是指在网络通信协议的支持下用户的计算机通过 Internet 称为远程计算机终端的过程。用户将数据通过 Telnet 就可以使用远程主机所提供的服务，共享计算机信息资源。

5. 电子新闻(Usenet News)

电子新闻是一种电子公告板。它的信息存储在新闻服务器上，用户通过新闻阅读软件来阅读或发送信息，它是主要的新闻传播工具。

6. 广域信息服务系统(Wide Area Information Server，WAIS)

WAIS 是基于关键词的 Internet 检索工具，用户可根据关键词寻找所需的信息。

7. 电子公告板(Bulletin Board System，BBS)

BBS 开辟了一块“公共”空间供所有用户读取和讨论其中的信息。BBS 可提供一些多人实时交谈、网络游戏服务，公布最新消息和提供各种免费信息包括免费软件等。

7.4.2　Internet 应用实例

1. WWW 服务

WWW 服务(3W 服务)是目前应用最广的一种基本互联网应用，通过 WWW 服务，只要通过鼠标进行本地的点击操作，就可以查看到世界各地的相关信息，由于 WWW 服务使用的是超文本链接(HTML)，所以可很方便地从一个信息页转换到另一个信息页。它不仅能查看文字，还可以欣赏图片、音乐、动画。最流行的 WWW 服务的程序就是微软的 IE 浏览器。下面以微软公司的 Internet Explorer 为例介绍浏览器的安全使用及设置技巧。

(1)管理 Cookie 的技巧。

Cookies 是一种能够让网站服务器把少量数据储存到客户端的硬盘或内存，或是从客户端的硬盘读取数据的一种技术。当户浏览某网站时，由 Web 服务器在本地硬盘上放置一个非常小的文本文件——Cookies，它可以记录用户的 ID、密码、浏览过的网页、停留的时间等信息。

打开 IE 的“工具”菜单的“Internet 属性”，使用“隐私”选项卡来管理 Cookie，如图 7.2 所示。

IE 的 Cookie 策略可以设定成从“阻止所有 Cookie”“高”“中高”“中”“低”“接受所有 Cookie”六个级别(默认级别为“中”)，方便用户根据需要进行设定。而对于一些特定的网站，单击“编辑”，还可以将其设定为“一直可以或永远不可以使用 Cookie”。通过 IE 的 Cookie 策略，就能个性化地设定浏览网页时的 Cookie 规则，更好地保护自己的信息，增加使用 IE 的安全性。例如，在默认级别“中”时，IE 允许网站将 Cookies 放入你的电脑，但拒绝第三方的操作，例如一些缺少安全协议的广告商。所以，安全标签选项能方便地控制安全级别。

(2)禁用或限制使用 Java、Java 小程序脚本、ActiveX 控件和插件。

由于互联网上(如在浏览 web 页和在聊天室里)经常使用 Java、Java Applet、ActiveX 编写的脚本，它们可能会获取你的用户标识、IP 地址，乃至口令，甚至会在你的机器上安装某些程序或进行其他操作，从而导致你的一些重要信息的损坏或丢失，因此，应该对

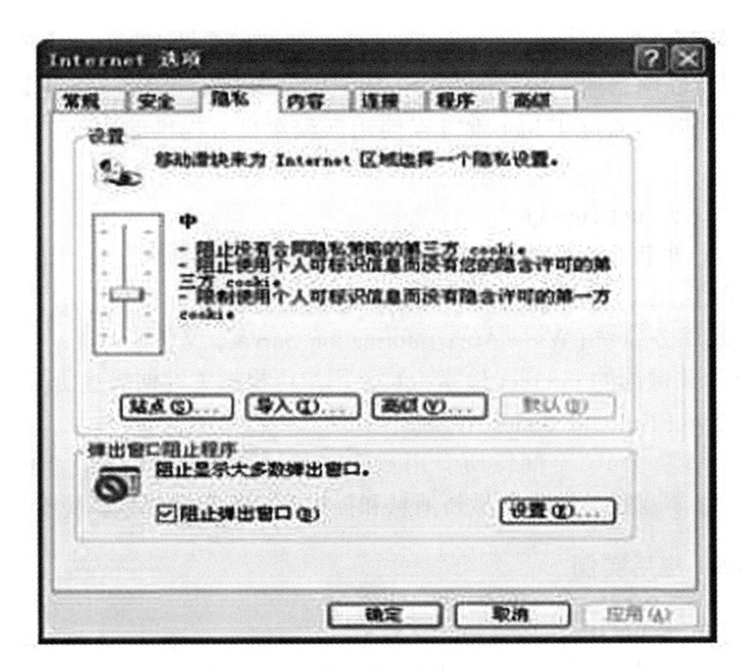

图 7.2　Internet 隐私选项

Java、Java 小程序脚本、ActiveX 控件和插件的使用进行限制。在 IE 的“工具”菜单的“Internet 属性”窗口的“安全”选项卡中打开“自定义级别”，就可以进行设置。在这里可以设置“ActiveX 控件和插件”“Java”“脚本”“下载”“用户验证”以及其他安全选项。对于一些不安全或不太安全的控件或插件以及下载操作，应该予以禁止、限制或至少要进行提示，如图 7.3 和图 7.4 所示。

图 7.3　Internet 安全选项

图 7.4　Internet 自定义级别

(3)调整自动完成功能的设置。

缺省情况下，用户在第一次使用 Web 地址、表单、表单的用户名和密码后(如果同意保存密码)，在下一次再想进入同样的 Web 页及输入密码时，只需输入开头部分，后面的就会自动完成，给用户带来了便利，但同时也带来了安全问题。例如在某个网站提供的邮件箱里用用户的用户名“zhang san”登录过一次，那么在下一次再进入到该邮箱登录页面的时候，当用户输入“z”字符的时候就会自动显示以“z”字符开头的、曾经在此计算机上登录过相关用户名，这种提示方法在一定程度上给用户节省了时间，但是同时也会给其他人看到此信息，从而暴露用户自己的信息，严重时还会让不法分子破解密码信件信息，造成安全隐患。盗取用户邮箱中的用户可以通过调整“自动完成”功能的设置，来解决该问题。可以做到只选择针对 Web 地址、表单和密码使用“自动完成”功能，也可以只在某些地方使用此功能，还可以清除任何项目的历史记录，如图 7.5 所示。

具体设置方法如下：

①在 Internet Explorer 的“工具”菜单上，单击“Internet 选项”；

②单击“内容”标签，打开“内容”选项卡；

③在“个人信息”区域，单击“自动完成”；

④选中要使用的“自动完成”选项的复选框。

(4)经常清除已浏览网址。

按一下地址栏的下拉列表按钮，已访问过的站点便一一列示其中。若不想让别人知道

图 7.5　Internet 内容选项图

自己刚才访问了哪些站点，在 IE 浏览器菜单中选择“工具→Internet 选项”，调出如图 7.6 所示对话框，在“常规”选项卡下单击历史记录区域的“清除历史记录”按钮。这时系统会弹出警告“是否确实要让 Windows 删除已访问过网站的历史记录?”，选择“是”就行了。

若只想清除部分记录，单击浏览器工具栏上的“历史”按钮，在右栏的地址历史记录中，用鼠标右键选中某一希望清除的地址或其下一网页，选取“删除”。

(5)清除已访问网页。

为了加快浏览速度，IE 会自动把你浏览过的网页保存在缓存文件夹 C：\ Windows \ TemporaryInternetFiles 下。当你确信已浏览过的网页不再需要时，在该文件夹下全选所有网页，删除即可。或者打开 IE 的“选项→Internet 属性”，在“常规”标签下单击“Internet 临时文件”项目的“删除文件”按钮，会弹出警告，选中“删除所有脱机内容”，单击“确定”按钮就可以了。

这种方法不太彻底，会留少许 Cookies 在文件夹内。在 IE 中，“删除文件”按钮旁边还有一个“删除 Cookies”按钮，通过它可以很方便地删除遗留的 Cookies。

上面介绍的只是如何安全使用 IE 的一些小技巧，其实，要想做到“上网无忧，安全冲浪”，应该注意的问题很多，比如：安装防火墙、及时更新杀毒软件、使用安全合理的密码口令、不随意下载和运行不明软件，最后，还要禁得住一些恶意网站的诱惑。只有养成良好的上网习惯，才能保证“防黑于未然”。

2. 电子邮件 E-mail

(1)电子邮件的定义。

电子邮件，简称 E-mail(即 Electronic mail)，是指通过电子通信系统进行书写、发送

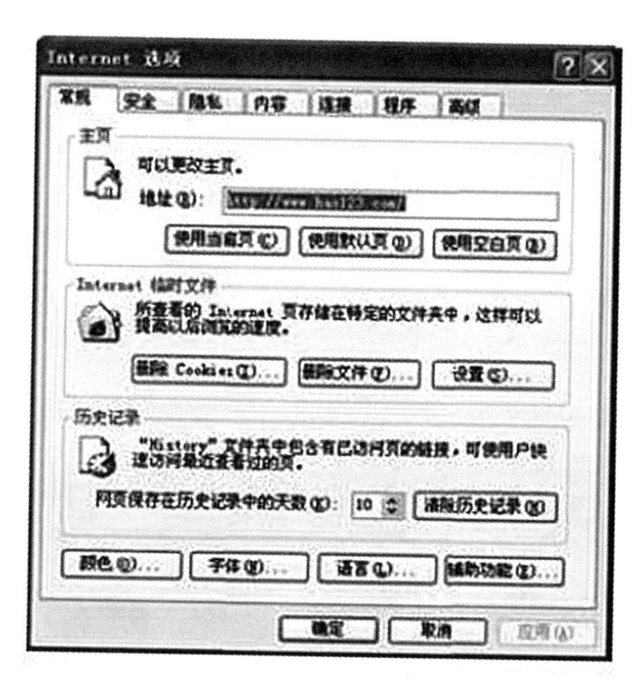

图7.6　Internet 常规选项

和接收的信件。今天使用的最多的通信系统是互联网，同时电子邮件也是互联网上最受欢迎且最常用到的功能之一。

(2)电子邮件的传送。

如果用户在 email. 163. com 中申请了名为 user123 的账号，那么用在该邮件服务器上就拥有了一个电子邮箱，其地址为 user123@ email. 163. com 来收发。用户“user123”的信件将由电子邮件账号中有一个@ 符号，读音跟英文的“at”一样，表示“在”的意思。@ 左边部分代表使用者的账号，右边部分则是使用者所在的电子邮件服务器名。当用户使用电子邮件程序写好一封信，单击“发送”按钮后，信件会先传到 email. 163. com，再通过 SMTP 服务器程序寻找到邮寄对象的服务器，然后把用户的信送给对方 E-mail 所在的服务器，存入该服务器下相应的地点(对方的 E-mail 邮箱)中。

如果一时无法连接上对方邮件的机器，有些电子邮件服务器会把信立刻退回来，有些则会稍等一段时间再送，一直试到确定无法送到时才退回。

邮件服务器彼此之间送信都是通过 SMTP 服务器来处理的，SMTP 的英文叫作“Simple Mail Transfer Protocol”，即“邮件传送协议”。

网络上的电子邮件服务器主要类似于现实生活中的邮局，只是用户的信箱是摆在网络服务器的硬盘里，而非自己的电脑中。当有信件来时，由邮件服务器将信件收下，存放在该服务器硬盘下对应“账号”的文件夹(即用户的“电子邮箱”)中，等用户来收取。所以不管用户有没有开机，服务器邮箱中的电子邮件都不会遗失。

(3)使用 Outlook Express 收发电子邮件。

Outlook Express 是 Internet Explorer 软件包的集成部分之一，是微软公司捆绑在其生产的操作系统中的一款专业邮件收发软件，在市场上有广大的用户。该软件安装在用户的计算机上，提供收取和传递邮件的便捷服务。即使用户拥有多个邮件或新闻账号，都可以在用户的机器上通过同一个 Outlook Express 的程序窗口使用它们，用户只需为同一台计算机创建多个账号和标志就可以了。

在使用 Outlook Express 收发电子邮件前应该先申请个人的电子邮箱，电子邮箱可在各网站的免费邮箱中申请，申请其他免费邮箱的步骤和申请雅虎费邮箱基本相同。

① Outlook 的设置。双击桌面上"Outlook Express"图标，启动 Outlook Express，出现 Outlook Express 的主界面，如图 7.7 所示。

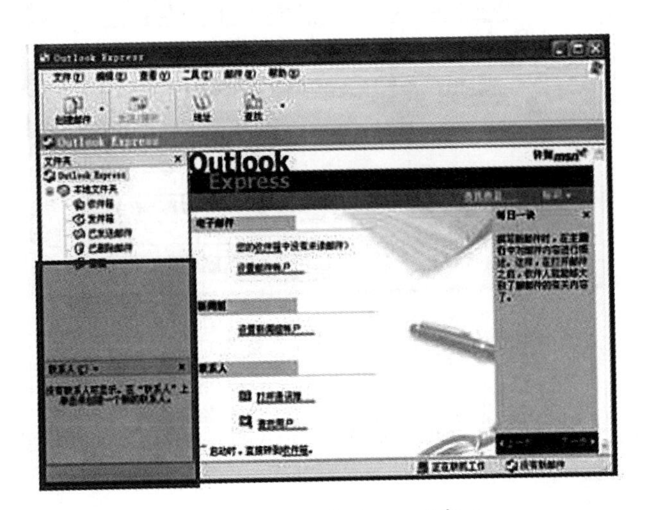

图 7.7 "Outlook Express"窗口

设置 Outlook Express 的具体步骤为：

A. 单击菜单"工具"→"账户"，出现"Internet 账户"对话框，如图 7.8 所示。

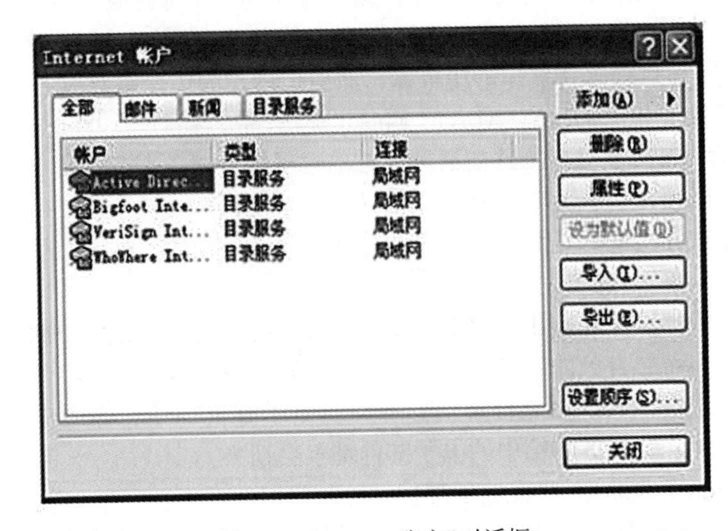

图 7.8 "Internet 账户"对话框

B. 单击“添加”按钮，选择“邮件”，出现“Internet 连接向导”对话框，如图 7.9 所示。在“显示姓名”文本框中输入要使用的账号名称。

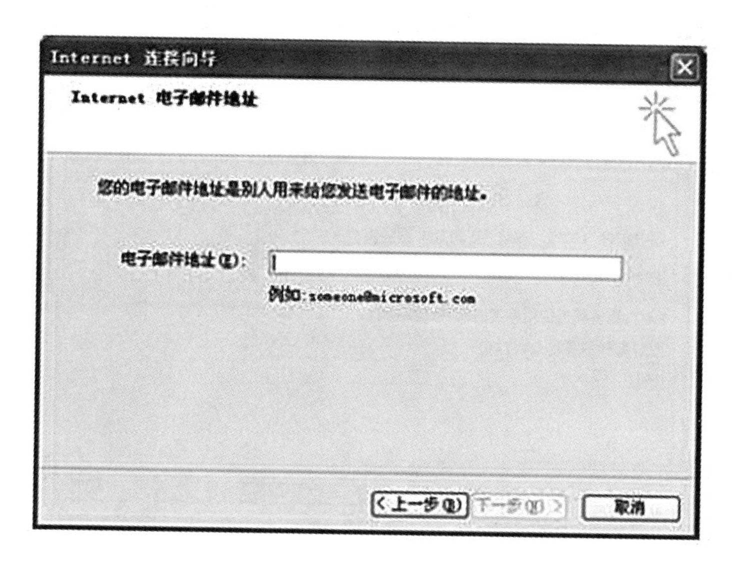

图 7.9　“Internet 连接向导”对话框(一)

C. 单击“下一步”按钮，出现如图 7.10 所示对话框，在“电子邮件地址”文本框中输入自己的电子邮件地址。

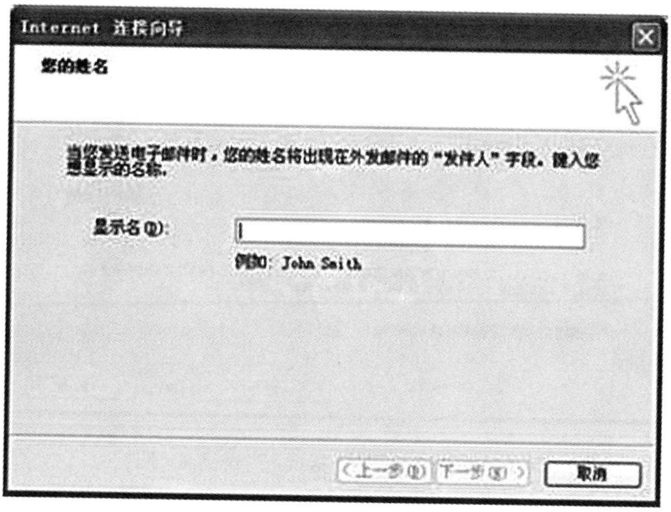

图 7.10　“Internet 连接向导”对话框(二)

D. 单击“下一步”按钮，出现如图 7.11 所示的对话框，在接收邮件服务器和发送邮件服务器中分别键入 ISP 提供的接收邮件服务器和发送邮件服务器名称(该名称一般在邮箱的“帮助”中有说明)。

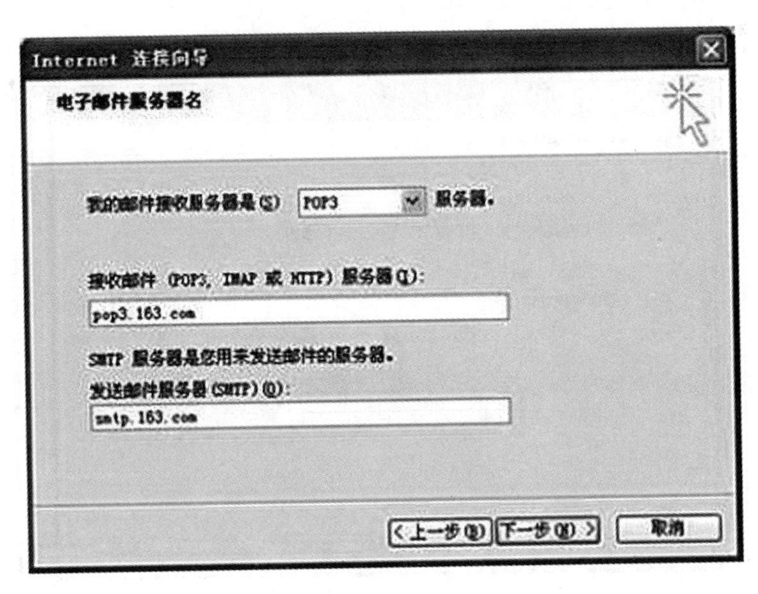

图 7.11 “Internet 连接向导”对话框(三)

E. 单击“下一步”按钮,弹出如图 7.12 所示的对话框,在“账户名”和“密码”文本框中键入账号和密码。

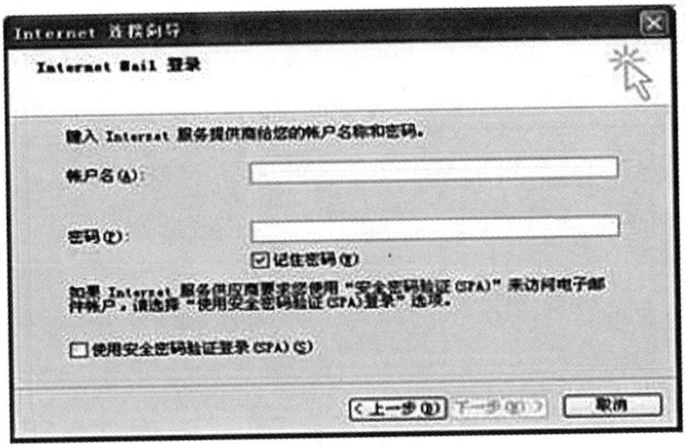

图 7.12 “Internet 连接向导”对话框(四)

F. 单击“下一步”按钮,出现如图 7.13 所示的对话框,单击“完成”按钮,最终完成配置工作。

如果有多个电子邮件账号,可重复以上步骤,添加其他的账号。完成 Outlook Express 的配置后,就可以轻松地收发邮件了。

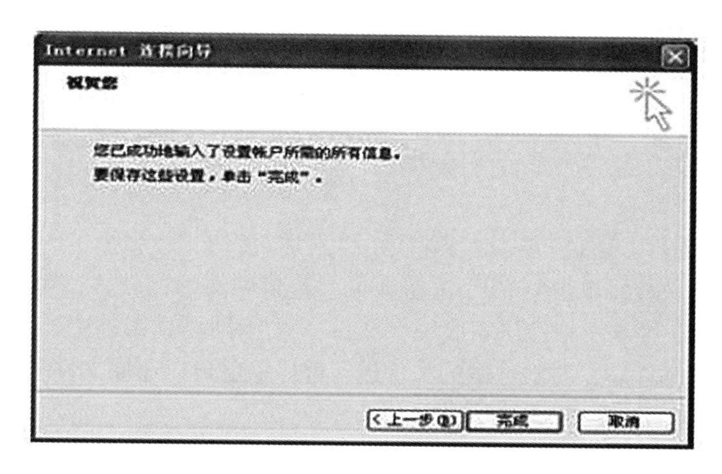

图 7.13　“Internet 连接向导”对话框(五)

②用 Outlook 收发邮件。

写邮件与传统的写信类似，都需要发件人地址、信件正文和信件签名等。但 Outlook Express 的电子邮件较之传统邮件具有更多的功能，例如用户可以在邮件中插入音乐供对方在阅读邮件时欣赏；可以直接将邮件发送给收件人，也可以将邮件副本抄送给某个收件人。

A. 创建并发送一封简单的电子邮件。

在 Outlook Express 主窗口中，单击菜单“文件”→“新建”→“邮件”，弹出如图 7.14 所示的窗口。

图 7.14　“写信”窗口

在“收件人”栏中输入对方的邮箱，如“zhangshan@ 21cn. com”；在“主题”栏中输入邮件的主题，如“询问”；在正文区输入信的内容，一封简单的信就写好了。单击工具栏中的“发送”按钮。如果用户要同时将信发送给多个收件人，可在“收件人”栏中输入多个电子邮件地址，地址之间用逗号或分号隔开。

B. 发送“附件”。

如果要发送“附件”文件，单击工具栏中的“附加”按钮，在弹出的“插入附件”对话框中，找到磁盘中的文件，单击“打开”按钮即可。若附件文件比较多，可将这些文件通过WINRAR 或 WINZIP 等压缩软件压缩成一个文件，再“附加”到邮件中。对方(收信者)收到含有压缩文件的邮件后，对附件中的文件进行解压缩就可以还原文件了。

C. 阅读邮件。

单击“发送/接收”按钮列表中的“接收全部邮件”，将邮件接收到本机。Outlook Express 将收到的新邮件存储在收件箱中，阅读新邮件的操作如下：

启动 Outlook Express 后，单击文件夹列表中的“收件箱”图标，所有等待阅读的邮件将出现在邮件列表里。单击要阅读的邮件的主题，使其内容显示在预览窗格中，如图 7.15 所示。

如果要以独立窗口显示邮件，双击邮件列表中的邮件即可。

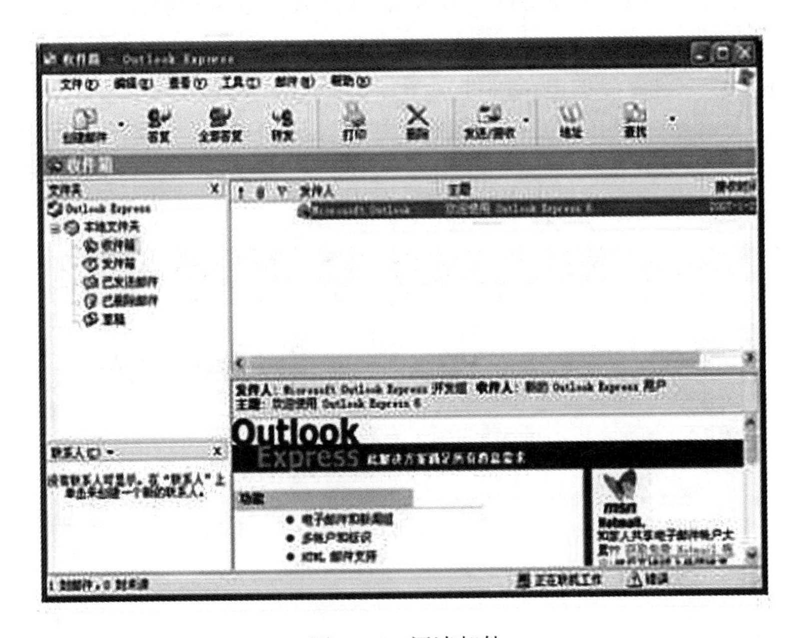

图 7.15 阅读邮件

D. 回复邮件。

当收到一封电子邮件时，如需要马上回信，利用邮件程序中的“回复作者”功能，会使操作更方便、快捷。

3. 文件传输

文件传输协议 FTP 包含在 TCP/IP 协议中，它是由支持 Internet 上文件传输的多个规则所组成的集合，不同类型的提供了极大的方便。客户机都可以从 FTP 服务器上获取文件，因而为用户文件传输包括两部分内容：上传和下载。所谓上传是指用户使用文件传输协议 FTP 将本地计算机中的文件传送到远程主机上；下载是指用户使用文件传输协议 FTP 从远程 FTP 服务器上将文件传送到本地主机的硬盘上。以下就来介绍文件传输一些方法。

(1)直接从网页传输文件。有些网页上建立了超级链接，即用户可以单击这些超级链接进行文件的传输。

(2)从 FTP 站点上传输文件。用户如果知道某个 FTP 服务器的 Internet 地址，可以直接访问该 FTP 服务器，完成文件的上传和下载任务。

(3)使用断点续传软件下载。用户在下载软件的过程中，有时会发生断线的情况，当重新下载时，需要从头再来，浪费了大量的时间。利用断点续传软件，可以摆脱这种烦恼。用它来下载软件，即使发生断线也无大碍，当再次连入网络时，可以从断点处继续下载，而无需从头再来。目前，用于断点续传下载的软件种类很多，常用的有 Thunder(迅雷)、NetVampire(网络吸血鬼)和 NetAnts(网络蚂蚁)等。

参 考 文 献

[1]冯勇，郝利珍．计算机应用基础．电子工业出版社，2010.
[2]眭碧霞．计算机应用基础任务化教程．高等教育出版社，2015.
[3]杨居义，钟志万．计算机应用基础项目教程．高等教育出版社，2016.
[4]范铁生．多媒体技术基础与应用．电子工业出版社，2011.
[5]郭建璞．多媒体技术基础及应用(第3版)．电子工业出版社，2014.
[6]侯敏．计算机基础与应用(第5版)．中国劳动社会保障出版社，2017.
[7]唐铸文．计算机应用基础(第5版)．华中科技大学出版社，2011.